抠像技术欣赏

文字特效欣赏

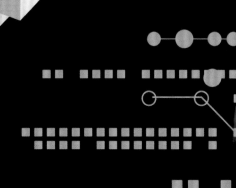

3D Compositing连续动态图欣赏

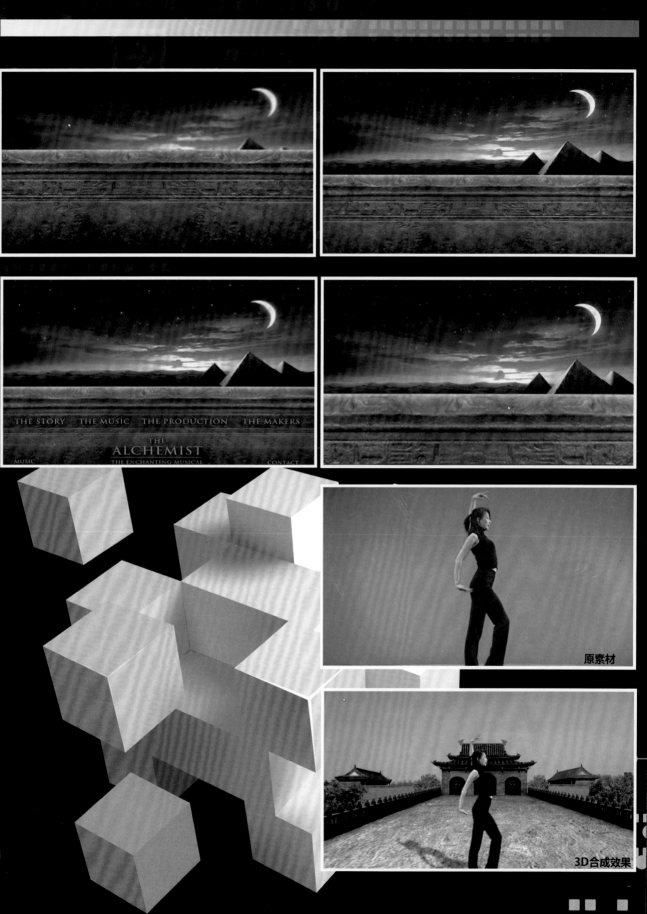

THE STORY THE MUSIC THE PRODUCTION THE MAKERS

THE
ALCHEMIST

MUSIC   THE ENCHANTING MUSICAL   CONTACT

原素材

3D合成效果

原素材

最终效果

逼真坦克合成效果欣赏

影视特效作品精选（一）

Roto / Keying / Compositing

...ositing

Car Roto

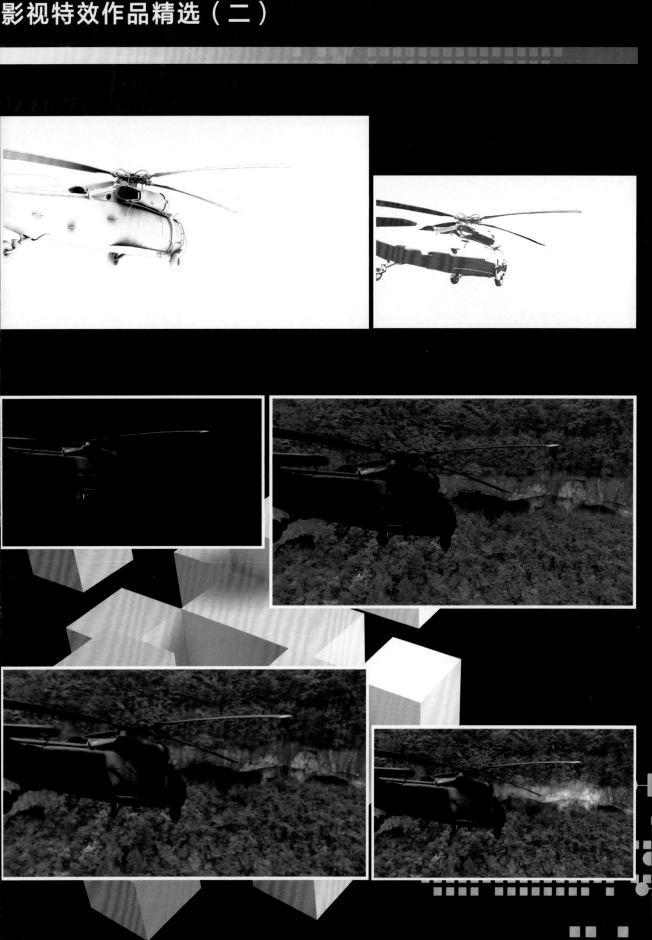

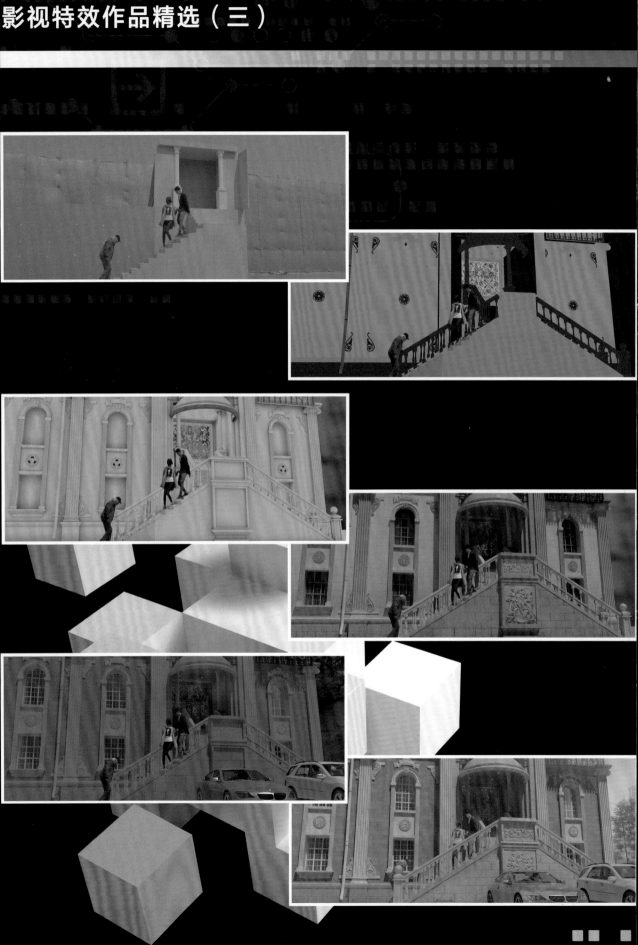

After Effects+MAYA
影视视觉效果风暴

徐明明 / 编著

清华大学出版社

北 京

内 容 简 介

After Effects作为业内主流的视频后期合成与制作软件,由于其在合成、剪辑、特效、追踪等方面的强大功能,多年来一直是影视制作行业的宠儿,它与主流三维软件和图形图像处理软件的交互性强,软件界面开放,从而受到众多行业工作人员的追捧。

MAYA是目前全球广泛使用的影视制作与动画设计软件,它功能完善、工作灵活、制作效率高、渲染真实感强,理所当然地成为电影级的高端制作软件。

本书针对影视后期制作技术在特效电影与电视中的应用,系统、全面地阐述了两个软件互相搭配使用的工作原理,同时分门别类地简述ZBrush、Unfold3D等软件的辅助和交互使用方法,最终运用这些软件制作出精美的影视作品。本书内容涵盖高级抠像与合成、影视栏目视觉效果、路径追踪技术和电影效果制作。

本书讲解的案例都有很强的代表性和针对性,且每个案例都有不同的特点,通过不同的案例讲解来体现软件的实用性和独立性,这些案例也具有很强的实践性。每章内容从基础知识到高级运用,几乎涵盖了影视制作行业的各个领域,读者在学习时不仅能轻松掌握软件的实用技法,还可以做到学以致用。通过剖析不同软件的特点,让读者掌握使用多个软件共同协作完成影视后期制作的流程。

图书在版编目(CIP)数据

After Effects+MAYA影视视觉效果风暴 / 徐明明编著. — 北京 : 清华大学出版社,2019

ISBN 978-7-302-50595-2

Ⅰ. ①A… Ⅱ. ①徐… Ⅲ. ①图像处理软件 ②三维动画软件 Ⅳ. ①TP391.41

中国版本图书馆CIP数据核字(2018)第153396号

责任编辑:陈绿春
封面设计:潘国文
责任校对:胡伟民
责任印制:董 瑾

出版发行:清华大学出版社

网址:http://www.tup.com.cn,http://www.wqbook.com
地址:北京清华大学学研大厦A座   邮编:100084
社总机:010-62770175   邮购:010-62786544
投稿与读者服务:010-62776969, c-service@tup.tsinghua.edu.cn
质量反馈:010-62772015, zhiliang@tup.tsinghua.edu.cn
课件下载:http://www.tup.com.cn,010-62795954

印装者:北京博海升彩色印刷有限公司
经 销:全国新华书店
开 本:188mm×260mm   印 张:13.75   插 页:4   字 数:358千字
版 次:2019年1月第1版   印 次:2019年1月第1次印刷
定 价:79.00 元

产品编号:070681-01

影视后期与特效制作可分为两块——电视栏目包装与制作、影视特效制作。本书与现有市场上栏目包装的书籍有所区别，内容偏向特效制作。本书可分为抠像与合成、影视特殊效果处理、追踪路径与虚拟匹配、写实三维动画电影制作四个重要模块，基本涵盖了软件在影视后期特效运用中的整个范围。

影视后期与特效制作行业是作者数年研究的一个方向。我国进入"十三五"中长期发展之后，各行各业都如火如荼地井喷式发展，影视行业也是伴随着这样的浪潮呈现出空前的繁荣，但影视制作行业所需的人才缺口巨大，相应的书籍没有完全跟上市场。作者决定编著本书就是看准了这一点。

本书采用具体实例和技术理论相结合的方式，并结合作者具有多年丰富的制作经验和教学理论，详细讲解了 After Effects 和 MAYA 软件在影视制作中的几个重要方面的综合运用，而且每个案例都极具代表性。针对影视制作、动画栏目行业制作和学习的读者，不仅提供了很多技巧性的帮助，同时启发读者的想象力，增强读者的学习力，并使读者能够举一反三，扩展思路。我们力求使读者通过阅读和学习本书，在软件的高级运用上有一个全面、深入的了解和进一步的提高。

本书特点：

1. 操作性强，技巧性多。摆脱了传统艺术设计工具书的理论教学模式，同时补充了大量的商业实际案例。

2. 案例丰富，涉及内容全面。通过详细讲解抠像、合成、追踪和特效，使读者全面掌握 After Effects 和 MAYA 的重要功能。

本书既可以作为影视后期制作、栏目包装设计和三维动画视效从业人员必备的工具书，也可以作为高等院校影视、艺术设计和动漫等相关专业的教材。

本书的相关素材和视频教学文件可以通过扫描各章首页的二维码在益阅读平台进行下载。也可以通过下面的地址或者右侧二维码进行下载，内容是相同的。

https://pan.baidu.com/s/1Zo_CkT_4ImpuNLV0mAZB7g

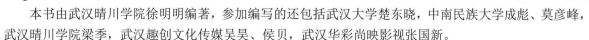

如果在相关素材下载过程中遇到问题，请联系陈老师，联系邮箱：chenlch@tup.tsinghua.edu.cn。

本书由武汉晴川学院徐明明编著，参加编写的还包括武汉大学楚东晓，中南民族大学成彪、莫彦峰，武汉晴川学院梁季，武汉趣创文化传媒吴昊、侯贝，武汉华彩尚映影视张国新。

作者

2018 年 10 月

目录 CONTENTS

第 3 章　觅迹寻踪——路径追踪技术详解

第 4 章　巧夺天工——Virtual Reality 电影效果制作

随着好莱坞大片《复仇者联盟》《星球大战7原力觉醒》《忍者神龟》等的热映，VR电影再一次掀起了一股全球热浪。作为全球电影电视视觉工业的领导者，好莱坞也再一次延续了它以技术征服世界银幕的强大力量。从早期的视效大片《星球大战》，到如今年产数十部的科幻特技电影，无论是技术，还是竞争力，好莱坞都越来越接近完美。从制作手段的单一、简单发展到现在的复杂多样，好莱坞电影走过了一个长期而复杂的发展历程，下面来例数其过程。

电影特技种类繁多，大致可分为以下几种类型：美工特技（景片绘画、玻璃绘画、手工画面灯）、摄影特技（中途停拍、变速拍摄、回放、逐格拍摄、多次曝光、镜头透视、摄影运动与角度控制、航拍等）、合成特技（光学合成、遮片的使用、前景和背景的投影技术、胶片合成技术、数字合成特技、背景抠像技术、多画面合成技术）、模型和布景特技（前景模型、背景模型、可活动模型、替代物模型背景）、三维动画特技（虚拟影像生成技术、三维扫描技术、运动捕捉技术和智能动画技术）。本书主要介绍的数字合成特技与三维动画技术，在当下电影制作中所占比重越来越大。以近几年的电影票房排行前15名的电影来看，特效镜头所占比例几乎都超过80%，其中包括使用数字特效的动画影片。从技术角度来讲，所有数字动画都是在后期制作中完成的，因此它们都属于特效制作的视觉效果。由此可见，特效已成为电影艺术的表现手段，而且电影与动画共享数字技术。此外，类似技术还被运用到其他许多艺术创作形态中，例如电视、虚实景演出、舞台美术、游戏和互联网等。

第一个被广泛认同的特殊效果出现在1895年的影片《处死玛丽》中，1923年德国人欧根尼·舒夫坦发明了镜子接景技术，1933年《金刚》中使用了模型和背景合成等技术。

20世纪50年代是电影特效发展史上的一个重要时期：大画面摄像机成功问世，它所生成的精锐影像对特效提出了更高的要求；后来缘于新胶片的研制，开始出现红外幕、纳光幕合成与蓝屏合成技术；1959年，导演威廉·惠勒利用模型接景和绘画接景等特效手段拍摄了电影《宾虚》，并获得巨大成功。使其后40年无人再敢触及此类题材的作品。到了20世纪70年代后期，计算机技术开始慢慢走近电影制作领域，由开始的机械控制，到后来的计算机图形技术，一步步地形成了如今的电影特效制作格局。

《星球大战》是一部不得不提及的特效里程碑式的电影。这部电影一共拍摄了7部，时间从1977年到2016年，横跨了39年，其每部电影都运用了大量的电影特技镜头，堪称耗资巨大。由于当时技术条件有限，卢卡斯影业公司在制作特效时动用了大量的技术人员，制作缩小比例的实体模型，前面几部电影的功劳，在于将模型精细到前所未有的精度。同样，在计算机动画刚起步的年代，大量的特效动态镜头，只能以光学的方式实现。其中一个，就是运用"定格动画技术"将特效镜头的连贯动作，分解为每秒24格的独立姿态并分别拍摄，然后翻印到电影胶片上。

第0章

神奇国度——畅游电影虚幻世界

卢卡斯与他的"星战王国"

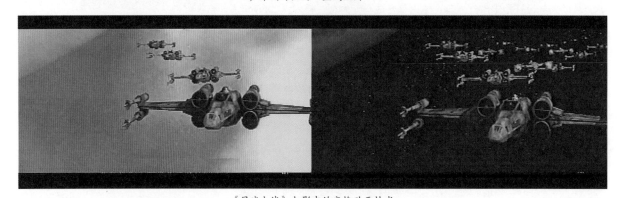

《星球大战》电影中的定格动画技术

后来在技术不断革新的条件下，《星球大战》陆续推出了《星球大战》续集以及前传系列，特效界开始出现运动控制系统及计算机生成模拟动画，于是，大量的真实特技镜头被计算机特效所取代，所模拟生成的特效画面更真实、立体。由此《星球大战》系列电影也成为了经典的代名词，后续大量特效电影的制作，也催生了卢卡斯影业旗下工业光魔公司（Industrial Light Magic，ILM）的诞生。

《星球大战》电影中利用计算机制作的巨大战舰

　　这个伟大的公司，在数十年里制作了无数部经典的科幻影片，包括近几年的《加勒比海盗》系列、《复仇者联盟》系列、《变形金刚》系列和《钢铁侠》系列等。工业光学魔术公司毫无争议地成为了好莱坞乃至全球顶尖的特效制作公司之一。

《钢铁侠》电影中的特效画面

　　20 世纪 80 年代，计算机图形生成技术又有了新的发展。1982 年，皮克斯公司作为工业光学魔术公司的子部门为电影《星际迷航》开创了新的视觉效果，数字技术制作的电影《最后的太空战士》中出现了上千个模拟画面，此次计算机生成画面的复杂性超过了以往任何一个时期的电影作品。1989 年的《深渊》是电影特效制作史上的又一个里程碑。工业光学魔术公司为此片制作了第一个计算机虚拟人物，这是 3D 计算机图形与真实场景的第一次完美结合（尽管之前计算机图形也参与了一些角色的制作，但都类似卡通角色，毫无真实感）。

《深渊》电影中的虚拟角色

　　1993 年拍摄的电影《侏罗纪公园》使用了传统的模型、机械装置和 3D 计算机动画，制作出了皮肤鲜活的恐龙形象，其也代表了 CG 技术在电影生产中的全面应用和发展时代终于来临。进入 21 世纪，特效制作水平越来越成熟，1999 年，魔幻史诗电影《指环王》的热映，带动了特效电影工业的进一步发展，同时，也使行业制作手段和技术有了明显的提高。在当今的电影制作中，CG 技术已经不再是点缀或技巧，而是基本手段。好莱坞特效制作行业也随之兴盛起来，逐渐形成了当今四足鼎立的局面。

《侏罗纪公园》的 3D 恐龙

四大电影特效公司

　　2009 年上映的《后天》和《阿凡达》，其画面既震撼了我们，同时也清晰地告诉我们，CG 技术不仅是画面效果的辅助手段，更是一种艺术自觉的表达方式。电影导演詹姆斯·卡梅隆第一次系统、全面地展示了数字表演的艺术性，进而更改变和建立了电影特效乃至电影工业发展的一个新格局。

电影《阿凡达》的剧照

0.2　国内电影特效制作的崛起

2000 年中国首部真正意义上的特效电影《紧急迫降》上映。该片故事情节与计算机特效完美融合，是国内首次大量运用数字三维技术制作的影片，其中的特技场面长达十分钟，在当时代表了中国电影特效制作的尖端水平，也可以说是中国电影特效制作行业数十年发展历程的积累式爆发。那么，新中国成立以来，我国的影视特效行业发展经历了哪些曲折和艰难的过程呢？

1949 年后，三大电影片厂（东北电影制片厂、北京电影制片厂、上海电影制片厂）分别成立了特技特效部门。在有关部门的扶持下，出现了最初的一批特效制作人员，当时也制作了一批极具代表性的电影特效场景，如《南征北战》《渡江侦察记》《天仙配》等，并首次在电影《天仙配》中运用了分色合成的特级工艺。

电影《天仙配》中的分色合成技术画面

在 20 世纪 60 年代，我国制作的动画电影《孙悟空三打白骨精》和《宝莲灯》，在特效画面上运用了分裂遮光器的摄影技术，并创造了极佳的视觉效果。1963 年，上海电影制片厂投拍的战争故事片《红日》，首次大规模地使用了模型摄影、动态配景接景和各式合成摄影技术。以假乱真地拍摄了包含大量飞机、坦克的场景。我国第一套国产红外线幕活动遮片合成摄影系统在 20 世纪 60 年代经由北京电影制片厂特效部门研制成功，并运用到了电影《游园惊梦》中。

5

《宝莲灯》中的舞台效果

进入 20 世纪 80 年代，上海电影制片厂将中国家喻户晓的神话传说"白蛇传"搬上银幕，电影《白蛇传》也获得首届金鸡奖最佳特技奖，紧接着，电影《孔雀公主》和《火焰山》连续捧得金鸡奖最佳特技奖。这一时期，北京电影制片厂与上海电影制片厂分别从好莱坞引进"动作控制摄影系统"和特技动画控制台，使中国的国产影片特效制作水平有了长足的进步。值得一提的是，1985 年拍摄的电影《八仙的传说》是我国国产特效影片在这一时期的优秀代表，此片从虚拟与现实的互动方面来讲，可以说达到了一定的高度，代表了当时国产影片特技制作的最高水平。

电影《八仙的传说》中的剧照

进入 20 世纪 90 年代，我国特效影片受到数字化和国外特效影片的影响，进入了快速发展期。计算机特效制作技术的出现，日益受到国内影视创作人员的关注，随后拍摄制作的《紧急迫降》和《极地营救》等影片使我国特效电影真正登上了一个可以和国际特效制作水平相媲美的高度。2005 年，国家广播电影电视总局斥资 3000 万元人民币专项资金建立我国数字化电影制作标准，这标志着我国电影数字化制作真正走到了电影艺术的重要舞台。随后的数年间，中国电影集团旗下的华龙数字电影制作公司制作了像《云水谣》《天下无贼》《超强台风》《太行山上》

等众多优秀影片中的特效场景，其中《太行山上》多达上千个特效镜头，战争场面恢宏、群集效果复杂，效果达到了相当高的水平。

电影《太行山上》中的特效镜头

2007 年，冯小刚导演的电影《集结号》引进了韩国的 CG 技术，给国人带来了强烈的视觉冲击，值得一提的是香港回归祖国后，中国香港的电影优秀人才机制也快速与国内电影市场融合。20 世纪 90 年代末期至今，以周星驰为代表的一大批中国香港导演拍出了非常优秀的中国特效电影。《功夫》就是一部非常值得一提的影片，其制作精良、特效场面真实，上映后票房大卖，并赢得众多媒体及观众的一致好评。唐季礼导演的电影《神话》中出现了一千多个特效镜头，也成为当时非常受公众认可的一部好影片。

电影《功夫》中的特效镜头

2008 年，堪称亚洲第一的中国电影集团数字制作基地在北京成立，这给中国的特效电影带来了前所未有的机遇，中国香港与内地的电影行业结合得更加紧密，两地携手合作，创作了《唐山大地震》《狄仁杰之通天帝国》《智取威虎山》《美人鱼》《九层妖塔》《三打白骨精》等叫好又叫座的电影，除了华龙电影数字制作有限公司这些大的国有影视机构之外，BaseFX 公司、水晶石数字科技公司、先涛数码企画有限公司等的制作水平也堪称一流。例如红极一时的电影《捉妖记》，其特效由 BaseFX 公司中的 400 多名人员制作完成，整个团队包揽了特效制作的整个流程，这样高水准的特效案例足以证明国内公司的制作实力。再例如金铁木执导的首部 IMAX 影片《大明宫传奇》，利用 CG 数字技术完全复原了唐朝恢宏的皇家建筑群，是由水晶石数字科技公司制作完成的。

电影《捉妖记》的剧照

随着中国综合国力的不断发展，笔者预言，在未来，中国的电影和电视产业将更多地走出国门，参与国际竞争，与国际接轨，其中电影特效制作行业也必将迎来繁荣和鼎盛的春天。

0.3 影视特效制作的技术支撑

影视后期制作人员在进行影视特效制作时，使用的计算机配置也是有一定要求的，这就好比江湖侠士闯荡江湖，所用兵刃至关重要。一般来说，专业影视后期设备包括计算机主机、服务器、显示器等。计算机主机的配置又尤其看重 CPU、显卡、内存、硬盘，视频的输出和处理都需要比较高的 CPU，有条件的用户可以选择英特尔 4 核以上的处理器，如果条件不允许，可以选择主频比较高的双核处理器。

英特尔处理器

那么，显卡呢？显卡的运算和显存没有太大关系，主要看显卡的位宽和频率以及芯片。显卡分为游戏显卡和图形显卡，如果你不爱玩游戏，非常热爱影视后期制作，不妨选配一块专业级绘图显卡，例如丽台 QuadroFX1400（目前国内两大图形显卡品牌是 NVIDIA 的 Quadro 系列和 ATI 的 fireGL）。再说硬盘和内存，硬盘自然越大越好，内存也一样，影视后期制作输出的文件都非常巨大，动不动就是好几吉比特，而且需要的资料也非常多，索引操作必须有容量巨大的内存和硬盘来支撑。如果条件允许，采用两块 1TB 的硬盘组（RAID），至少可以提升 30% 的读取速度，如果没有，那就两块 500GB 的硬盘组也不错。

Quadro 丽台显卡

后期合成与非线性影视编辑软件也有许多的分类，主要的区别就是针对不同的方向和操作环境，而且不同的合成软件都具有自身的独特性，或者说是在影视处理中的强项。在这里简单介绍如下：

After Effects（简称 AE）是 Adobe 公司出品的一款用于高端视频编辑的专业非线性影视编辑软件，它集合了许多该公司产品的优良之处，将视频合成上升到新的高度。对 Photoshop 中的层概念的引入，使 After Effects 可以对多层图像进行分别控制；关键帧、路径概念的引入，加强了 After Effects 的动画功能；高效的视频处理系统，确保了高质量的视频输出；炫目的特效系统、强大的追踪效果，更使 After Effects 成为使用者青睐的工具。

Combustion 是一种基于三维视角开发的后期特效制作软件，基于 PC 平台或 Mac 平台的 Combustion 是为视觉特效而设计的一整套尖端工具，包含矢量绘画、粒子、视频效果处理、轨迹动画以及 3D 效果五大模块。软件提供强大的动态图片、三维合成、颜色校正、图像稳定、矢量绘制、旋转文字特效、短格式编辑和 Flash 输出功能，另外还提供了运动图形和合成艺术的创建能力。

DigitalFusion 是 Eyeon Softwave 公司推出的运行于 SGI 和 PC 的 Windows NT 系统上的专业后期合成非线性影视编辑软件，其节点式的工作流程方便使用，强大的功能和方便的操作远非普通合成软件可比，也曾是许多影视大片所使用的合成工具。DigitalFusion 具有真实的 3D 环境支持能力，是市场上最有效的 3D 粒子系统，通过 3D 硬件加速，可以立刻在程序内实现从预览到最终效果的转变。

Shake 是苹果公司推出的主要用于影片与 HD 行业标准合成与效果的解决方案，目前提供可视渲染功能。许多奥斯卡获奖影片都运用它来获得最佳视觉效果，Shake 能让你以更高的保真度合成高动态范围的图像和 CG 元素，例如画面分层、轨迹跟进、蚀刻滚印、绘画和色彩校正、影片纹理图案模拟，以及内置键控性能等。为了获得额外的灵活性，Shake 支持第三方插件，如 Thefoundry、Genarts 和 Ultimatte。合成引擎具备强大的独立分辨率、基于混合扫描线 / 平铺显示的渲染引擎，允许在合成作品的同时，包含标准清晰度、高清晰度和电影图像。其操作界面与 DFusion 有些类似。

Inferon、Flame、Flint 是由加拿大的 Discreet 公司开发的系列合成软件，这 3 种软件分别是这个系列的高、中、低档产品。Inferon 运行在超级图形工作站 ONYX 上，一直是高档电影特效制作的主要工具；Flame 运行在 OCTANE 上，可以满足电影特效及高清晰度电视到普通视频等多种节目的制作需求；Flint 运行在 OCTANE、O2 等多种型号的工作站上，主要用于电视节目的制作。它们的合成功能很强大，提供面向层的合成方式，用户可以在三维空间操纵各层画面，并提供如校色、抠像、跟踪、稳定等大量的特效工具。

其他可在 PC 平台上操作的还有 Premiere、Edius、Illusion 等运用于音乐、声道、广播或特效等制作的非线性编辑软件，这些软件各具特色，在这里就不一一介绍了。通常与后期非线性编辑软件互相配合的还有三维制作软件，这就好比长枪配短刀，两种工具搭配，才能制作出高水平的视觉效果。在这里举出目前市场上常用的三大主流三维制作软件，具体如下。

MAYA，声名显赫，其主要针对提高电影特效方面的性能而开发（最早的作品是《指环王》系列电影）。掌握了 MAYA 就掌握了高效的制作节奏，运用它可以调节出仿真的角色动画，渲染出逼真的影视效果。另外，它不仅包括一般的三维视觉效果制作功能，而且还与最先进的建模、布料流体模拟、毛发渲染、运动匹配技术相结合，呈现出最完美的电影级效果画面。MAYA 可在 Windows 和 SGI IRIX 操作系统上运行。在目前市场上用来数字合成的三维软件中，MAYA 是首选的解决方案。

3ds Max 是基于 PC 系统平台上开发的三维动画制作和渲染软件，前身是基于 DOS 系统的 3DStudio 软件，3ds Max+Windows 的出现降低了 CG 制作的门槛，其最早的作品是《玩具总动员》系列电影，后来逐渐成为各大游戏制作厂商的宠爱，后来更进一步加入影视特效的制作行列，例如《X 战警》系列电影和《死寂》等。

Softimage 3D 是专业动画和影视制作人士的重要工具，用其制作的作品占据了娱乐影视业的大部分市场，《泰坦尼克号》《侏罗纪公园》系列电影的许多镜头都是由其制作完成的。Softimage 3D 是一个综合运行在 SGI 工作站和 Windows NT 平台的高端三维动画制作系统，它被顶级的艺术家运用在影视和交互制作的作品中，使艺术家有非常自由的想象空间，能创造出完美、逼真的艺术品。

另外，三维特效制作软件还有 HoudiniFX 和 Cinema4D 等，这里就不一一列举了。

1.1 After Effects 面板介绍

启动 After Effects，可以看到其界面分为菜单栏、工具栏、监视区域、项目面板、操作区域、时间线几部分。本书所有的案例将在这些区域内操作，如图 1-1 所示。

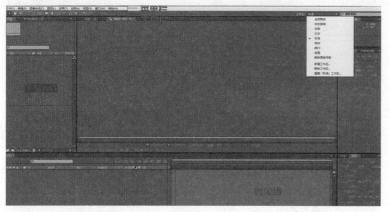

图 1-1

我们在菜单栏中可以看到"文件"和"编辑"菜单，在"文件"菜单中有打开项目、关闭项目、保存项目、导入和导出项目等基本操作命令。"编辑"菜单是针对项目中的元素进行单独操作设置的，例如复制、粘贴、全选、拆分等。另外要介绍的是执行"编辑"→"参数"→"常规"命令弹出的"参数"对话框，在该对话框中可以输入撤销次数的数值，用来设置操作过程中操作返回的步骤数。例如，输入 32，就可以返回到 32 步操作前的状态。执行"编辑"→"参数"→"界面"命令，进入"参数"对话框中的"界面"选项卡，拖曳"亮度"滑块可以改变 After Effects 界面的颜色，如图 1-2 所示。

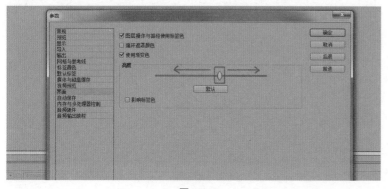

图 1-2

第 1 章素材文件

第 1 章视频文件

还有一个重要的参数，执行"编辑"→"参数"→"自动保存"命令，进入"参数"对话框中的"自动保存"选项卡。在"保存间隔"后面输入保存间隔的时间，例如 20min，即每 20min 自动保存一次操作进度，"最多项目保存数量"定义最多可以保存的项目文件数量，例如 5，可以保存 5 个不同的项目进度，如图 1-3 所示。

图 1-3

在项目面板中，可以通过单击"项目"两字前面的"双竖线"，按住鼠标左键并拖曳，改变该面板摆放的位置，还可以按住 Ctrl 键并拖曳面板，将该面板独立提取出来，如图 1-4 所示。其他的面板模块也可以进行同样的操作。

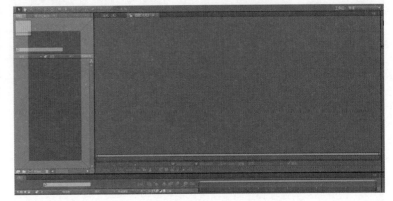

图 1-4

如果关闭了独立的面板，可以执行"窗口"→"菜单栏"命令，通过勾选关闭的面板，将其重新打开。

下面通过一个简单操作，熟悉 After Effects 的操作流程。

01 执行"图像合成"→"图像合成组"命令，设置图像合成的背景尺寸，例如在弹出的"图像合成设置"对话框中输入"合成组名称"为 ComPhotoshoping background（背景合成）；在"预设"下拉列表中可以选择图像尺寸（一般选择 PAL 制式），也可以在"宽"和"高"中输入具体尺寸，例如输入 1920；在"像素纵横比"下拉列表中选择尺寸对应的屏幕大小比例 D1/DVPAL（1.09）选项；将"帧速率"设置为"25 帧 / 秒"，持续时间为 2 秒，采用默认格式即可。单击"确定"按钮创建一个新的合成文件，如图 1-5 所示。

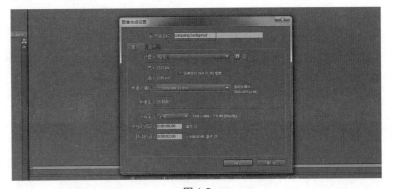

图 1-5

02 执行"文件"→"导入"→"文件"命令，导入名为"多个绿屏蓝屏抠像"的视频文件，文件即在项目面板中显示出来。在项目面板中选中该文件，单击并拖曳到操作区域的ComPhotoshoping background 文件层上，如图 1-6 所示。如果希望合成文件背景层与视频文件大小一致，就要在设置合成背景文件时设置尺寸。

图 1-6

03 拖曳时间轴上的时间轴指示器，影片就可以在操作区域进行剪辑操作了。还可以在"文件"菜单中导入多重文件，执行"文件"→"导入"→"多重文件"命令，找到一个 PSD 格式的合成源文件并打开，在弹出的对话框中设置"导入类型"为"合成"，选择"合并图层样式到素材中"选项，单击"是"按钮，如图 1-7 所示。

图 1-7

这样导入的多重文件就会将Photoshop 中的全部图层信息导入进来，进而可以在 After Effects 中对每个图层进行单独的操作编辑，如图 1-8 所示。

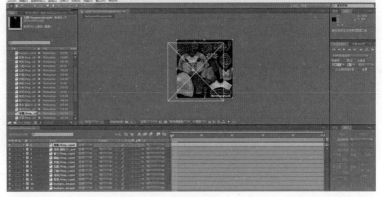

图 1-8

04 在创建了"新的合成文件"背景图层后，导入视频文件，将视频文件拖至背景图层上，通过"设置入点"到"当前时间"，"设置出点"到"当前时间"，将视频文件中的一部分内容提取，完成后单击视频下方的"覆盖编辑"按钮，时间栏上会提取出被截取的视频，如图1-9 和图 1-10 所示。

图 1-9

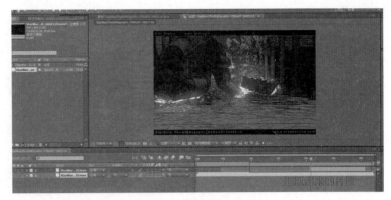

图 1-10

1.2　After Effects 中 Change to color 效果处理

　　本节来介绍怎样在 After Effects 中对"素材环境"（背景色）进行变换，因为改变背景色彩在影视制作中是经常用到的，也可作为经典的案例来讲解。

01 在 After Effects 的项目面板中双击选取视频文件，或者执行"文件"→"导入"→"文件"命令选取视频文件，调入文件名为"蓝频绿屏抠像"的视频素材。将项目面板上的文件拖至底部的"新建合成图层"按钮上，这样在操作区域和时间线区域就建立了以文件大小为背景层的合成文件，如图 1-11 所示。

图 1-11

02 为了方便区分图层，可以在时间栏的文件名上右击，在弹出的快捷菜单中选择"重命名"命令，为图层重命名，这里改为"MM 合成 1"。选中"MM 合成 1"，执行"编辑"→"复制"命令（快捷键 Ctrl+D），复制一个"MM 合成 1"图层，名称为"MM 合成 2"，如图 1-12 所示。

图 1-12

03 选中"MM 合成 2"图层，执行"效果"→"色彩校正"→"转换颜色"命令，在左上角的"特效控制台"面板中出现了"转换颜色"属性，单击"从"后面的"吸管"工具，将鼠标移至操作区域的绿色背景处并单击，如图 1-13 所示，此时整个视频背景自动变换为红色。

图 1-13

04 回到"特效控制台"面板，将"宽容度"展开，将"色调"从"5.0%"改为"30%"，此时可以观察到视频中头发丝中残存的绿色部分也被覆盖了，头发的本来颜色占据了主体，但现在的效果还不够理想，头发的颜色与背景颜色还有一些差别，如图 1-14 所示。

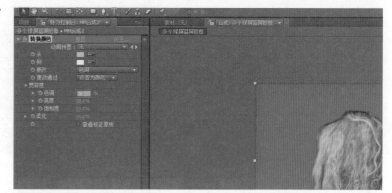

图 1-14

05 调整"柔化"属性，将"柔化"从50% 调整为 100%，观察效果，如果值过大，将其降为 30%，这样头发边缘的颜色与红色背景就接近了，如图 1-15 所示。

图 1-15

06 为了区别两个图层的颜色背景，下面来制作一个"遮罩效果"显示背景的变换效果。在工具栏中选中"矩形遮罩工具"，如图 1-16 所示。

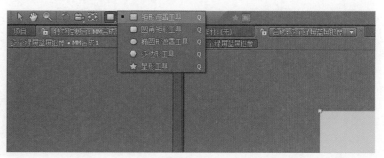

图 1-16

07 选择"MM 合成 1"图层，在监视区域中从左到右单击拖曳绘制一个黄色矩形线框，如图 1-17 所示。

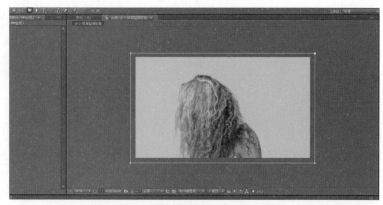

图 1-17

08 此时，时间栏上的"MM 合成 1"展开列表中出现了遮罩的属性——"遮罩1"。再次展开"遮罩 1"，找到"遮罩形状"，其前方有一个码表图标，单击按下该图标，为矩形线框的移动设置关键帧（注意，在设置关键帧的同时，一定要将时间栏上的时间轴指示器移动到时间的开始处），如图 1-18 所示。

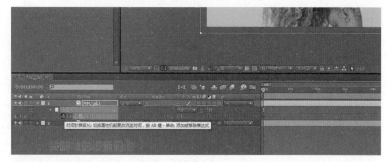

图 1-18

09 在时间轴指示器被设置关键帧的位置出现了小圆点，这意味着已经添加了关键帧。再将时间轴指示器移动到视频末端，单击拖曳框选监视区左侧上、下两个黄色端点，再按住 Shift 键，同时向右单击拖曳平移黄色端点，如图 1-19 所示。

图 1-19

10 右移黄色线框至视频外部，最后在时间线末端添加关键帧，如图 1-20 所示，这样视频的背景变换就设置完成了。

图 1-20

11 按空格键或者播放键，播放视频，查看背景色彩变换的视频效果，如图 1-21 所示。

图 1-21

1.3　After Effects 中 "颜色色控键" 效果处理

本节介绍如何利用 "颜色色控键" 来抠除视频的蓝绿色背景，从而对视频素材进行背景的替换与合成。

01 启动 After Effects，导入已经准备好的素材文件，如图 1-22 所示。

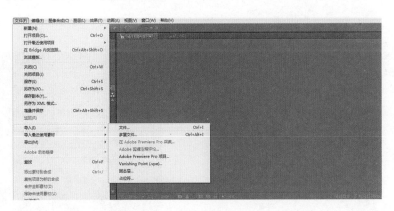

图 1-22

02 将项目中的文件拖至 "新建合成文件" 按钮上，导入操作区域，移动时间轴指示器观察时间线的时间和视频内容，如图 1-23 所示。

图 1-23

03 选中操作区域上的素材，执行"效果"→"键控"→ Keylight（1.2）命令，如图 1-24 所示。

图 1-24

"特效控制"面板中显示 Keylight（1.2）属性，该工具可以精确控制残留在前景对象上的绿幕或蓝幕反光，非常擅长处理反射、半透明区域和头发，由于控制"颜色溢出"功能是内置的，所以抠像结果看起来更真实。

04 在"屏幕色"属性右侧有一个"吸管工具"，此时观察"吸管工具"左侧颜色盘内显示的颜色为黑色，单击"吸管工具"，并移至操作区域，如图 1-25 所示。

图 1-25

05 单击视频中的绿色背景，背景变为黑色，"屏幕色"的颜色盘内黑色变为了绿色，说明 Keylight 对背景色做了替换，如图 1-26 所示。

图 1-26

06 单击打开"开关透明栅格"按钮，可以看到其实背景色为透明的，而并非看到的黑色，如图 1-27 所示。

图 1-27

07 关闭透明栅格，在控制台上的 Keylight（1.2）属性中，将"查看"下拉列表中的"最终结果"改为"屏幕蒙版"，观察黑白通道的比例，这里重点观察头发丝边缘的蒙版状态，如图 1-28 所示。

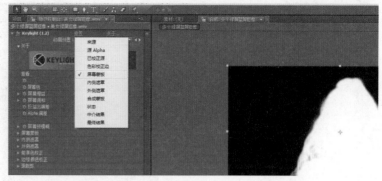

图 1-28

08 此时边缘还有些生硬，下面进行相应的调整，将"屏幕预模糊"改为 19.1，但是太过于模糊，于是就降低为 3.0，如图 1-29 所示。

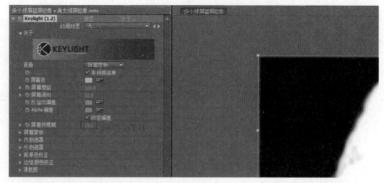

图 1-29

09 展开"屏幕蒙版"属性，首先将"修建黑色"修改为 32，处理掉黑色过多的区域，其次将"修剪白色"修改为 70，使白色边缘有头发模糊的效果，如图 1-30 所示。

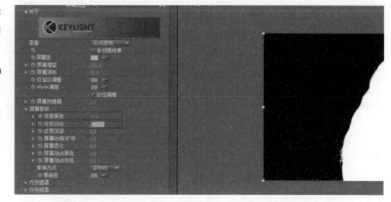

图 1-30

10 在"查看"下拉列表中选中"最终结果"选项，可以看到边缘的调整好一些了，最后将"屏幕收缩/扩张"修改为 -1，如图 1-31 所示。

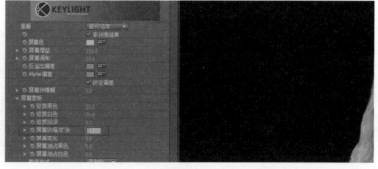

图 1-31

11 在"替换方式"下拉列表中的选项
为"柔和色","替换色"改为灰黑色
（R:87,G:82,B:82），到此完成头发边缘
抠像的设置，如图 1-32 所示。

图 1-32

12 导入树林背景图片，单击拖曳至操作
区域的底部，并调整监视区域的视频到
合适的位置，如图 1-33 所示。下面对其
进行色彩的校正合成。

图 1-33

13 人物的肤色与背景有些差距，需要调
整人物的颜色，选中人物图层，执行"效
果"→"色彩校正"→"色阶"命令，
如图 1-34 所示。

图 1-34

14 在"色阶"属性中，将"动画预置"
更改为"绿"，如图 1-35 所示。

图 1-35

15 将柱形图中的"绿色输入黑色"滑块
和"绿色 Gamma"滑块向左拖曳，将人
物的肤色调整为偏绿色，如图 1-36 所示。

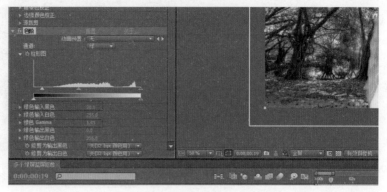

图 1-36

16 将"动画预置"的"绿"更改为"蓝"，
在属性中将"蓝色输出白色"改为 200，
如图 1-37 所示。

图 1-37

17 放大监视区域的显示比例，可以观察
到头发的背景反光也调整了出来，如图
1-38 所示。

图 1-38

18 完成调整后，在监视区域的下方单击
"开关像素纵横比校正"按钮，将画面
调整为比较标准的像素比例，如图 1-39
所示。

图 1-39

19 试着拖曳时间轴指示器播放视频，查看人物与背景融合的效果，如图 1-40 所示。

图 1-40

20 执行"文件"→"导出"→ AVI 命令，导出该视频文件，查看视频效果还不错，如图 1-41 所示。

图 1-41

1.4 After Effects 中的 3D Compositing 合成

在影视科幻大片中经常会看到一些非常炫目的效果，例如主角在飙车，摄像机在车内拍摄，可以看到车外的街景飞逝而过，非常惊险刺激；还有战斗机在高空掠过，俯冲大地，摄像机就如紧随其后一般。其实像很多这样的场景都不是实景拍摄的，它们都用到了后期合成的综合技术手段，例如上一节讲到的 Colorkey 抠图技术，另外还有本节要讲到的 3D Compositing 合成技术，如图 1-42 和图 1-43 所示。

图 1-42 超柔和抠图技术

图 1-43　3D compositing

01 在 Photoshop 软件中打开已经处理好
的场景图,以 PNG 格式分别导入进来,
如图 1-44 所示。

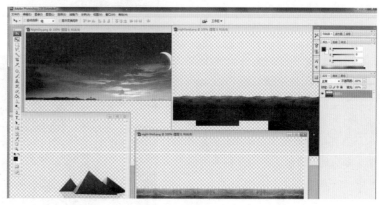

图 1-44

02 在前排的城墙可以作为顶部图层排
序,然后是金字塔图层,将图层排序并
匹配好位置,如图 1-45 所示。

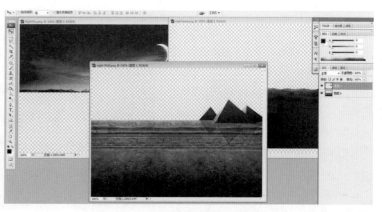

图 1-45

03 接下来依次是夜晚山景、夜晚天空，分别命名为 Night-wall、Night-pyramids、Nightsand、Nightsky，如图 1-46 所示。

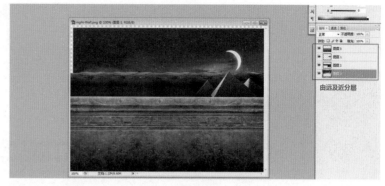

图 1-46

04 操作完毕后保存为 PSD 文件，名称为 Night-wall。切换到 After Effects 中，在菜单栏中执行"文件"→"导入"→"多重文件"命令，选择 Night-wall 文件并导入。在弹出的对话框中，"格式"选为 PNG，选中"PNG 序列"复选框，如图 1-47 所示。

图 1-47

05 这样，相对应的文件就整体导入 After Effects 项目中了。将 Night-wall 拖至"新建合成"按钮上，时间为 0~5s，背景尺寸相对应地建立起来。依次按顺序把所有图层拖至操作区域中，对应的层级关系也建立起来了，如图 1-48 所示。

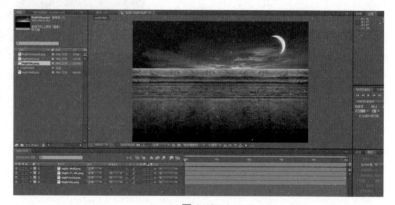

图 1-48

06 接下来要制作出立体效果，由于当前整个场景是平面的，没有一定的三维空间距离，要制作城墙和远处天空的动态距离，就要在 After Effects 中进行调整。首先导入一张带有字幕的最终合成画面，名称为 Musical2，将其拖至操作区域中图层的顶部，如图 1-49 所示。

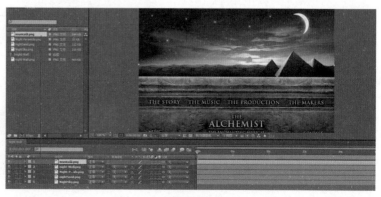

图 1-49

07 将 Musical2 图层的属性展开，"透明度"调整为 50%，如图 1-50 所示。

图 1-50

08 观察原来的 Night-wall 图层和 Musical2 图层在位置上有没有匹配，如果没有就改变 Night-wall 图层，以匹配两个图层的位置，可以按住 Ctrl 键单击拖曳，纵向移动该图层，或按键盘上的 ↑ 键，直至两个图层重合到了一起，如图 1-51 所示。

图 1-51

09 调整完成后，选中 Musical2 图层并删除，此时的场景就与出字幕时的最终图层在位置上重合了，保存文件，如图 1-52 所示。

图 1-52

10 设置一盏 3D 摄像机。执行"图层"→"新建"→"摄像机"命令，在"摄像机设置"对话框中选择预置的"35 毫米"，作为该摄像机的焦距，单击"确定"按钮，如图 1-53 所示。

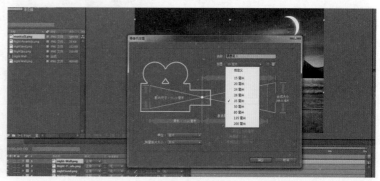

图 1-53

11 因为要设置的是 3D 摄像机，但是这里是平面显示的，所以要在操作区域的下方将"有效摄像机"更改为"顶"，如图 1-54 所示。

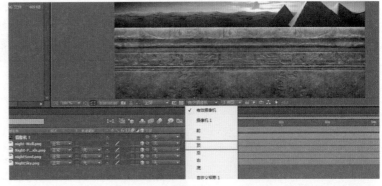

图 1-54

12 滚动鼠标滚轮，缩小视图比例，可以观察到几个平面在侧面的位置，选中 Nightsky 图层并向后（也就是此视图的上面）推移，也可以按↑键移动，如图 1-55 所示。

图 1-55

13 继续缩小视图，这里可以将视图缩小至 6% 左右，依次移动其他几个图层，将它们尽可能移动到很远的位置，如图 1-56 所示。

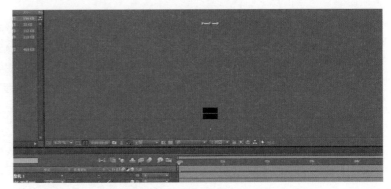

图 1-56

14 最后这 4 个图层应该在如图 1-57 所示的位置。将除摄像机以外的图层标签均改为黄色，以示区别。

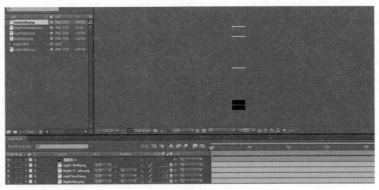

图 1-57

15 继续调整图层之间的距离。在 3D 视图下拉列表中把摄像机调回 "有效摄像机"，如图 1-58 所示。

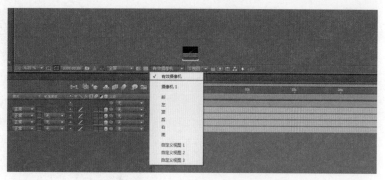

图 1-58

16 当前操作区域视图比较远，也比较小，不容易操作，在 "放大比率" 下拉列表中将其调为 50%，如图 1-59 所示。

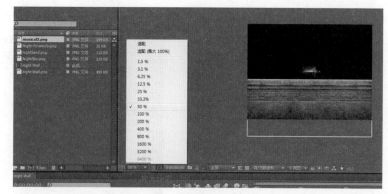

图 1-59

17 此时观察平面视图，场景之间的距离感产生了，但是还要手动把各个远处的图层调整回原始的位置。在操作区选中 Night sky 图层，按住 Shift 键单击拖曳，将该图层调整至充满整个屏幕，如图 1-60 所示。

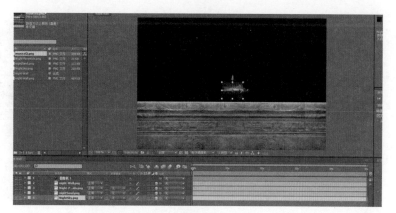

图 1-60

18 从底部图层至顶部图层逐一拉回原来的位置，如图 1-61 所示。

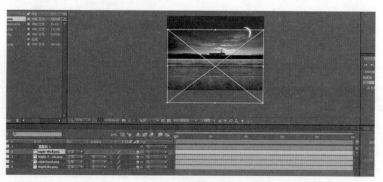

图 1-61

19 最后的效果如图 1-62 所示。

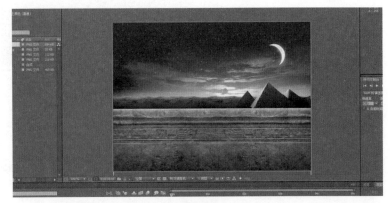

图 1-62

20 选中"轨道摄像机工具",如图 1-63
所示。

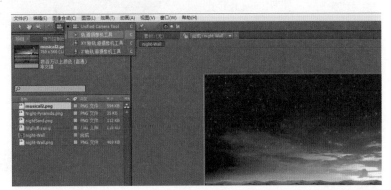

图 1-63

21 利用"轨道摄像机工具"在监视区域
单击拖曳,观察 3D 图层之间的距离,如
图 1-64 所示。

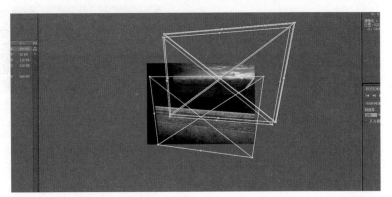

图 1-64

22 拖曳过程中会发现旋转轴的中心过于
靠近前端,旋转到一定的角度后不易观
察后面的景物,因此需要将旋转轴中心
放到远处。回到摄像机的顶视图,缩小
画面至如图 1-65 所示的状态。

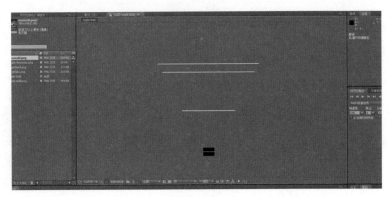

图 1-65

23 选中摄像机，将摄像机的中心轴拉出来，并按住 Shift 键向上平移，如图 1-66 所示。

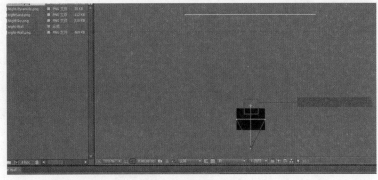

图 1-66

24 最终移动摄像机的中心位置如图 1-67 所示。

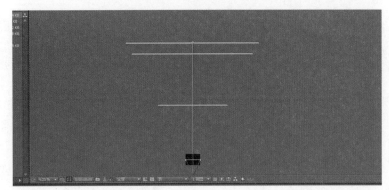

图 1-67

25 再次利用转动"轨道摄像机工具"观察中心点的位置，发现已经调整到位了，如图 1-68 所示。

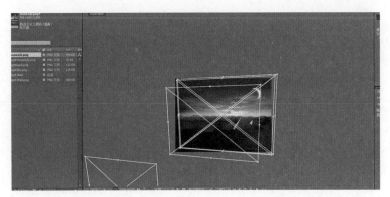

图 1-68

26 最后制作该画面由近及远的景深动画效果。视图回到平面视角，在时间栏中选中"摄像机"，展开"变换"属性，将时间轴指示器移至 3s 的位置，并在此位置为"变换"属性下的"目标兴趣点"和"位置"添加关键帧，如图 1-69 所示。

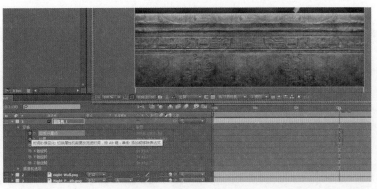

图 1-69

27 将时间轴指示器移至0s的位置，将"位置"的Y轴参数改为405，并单击按下码表图标添加关键帧，如图1-70所示。

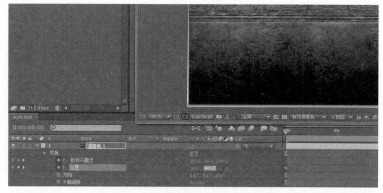

图 1-70

28 播放画面，可以看到城墙部分从上往下移动，然后在初始位置设置"X轴"参数为435。播放预览，城墙添加了从左往右的偏移动画，如图1-71所示。

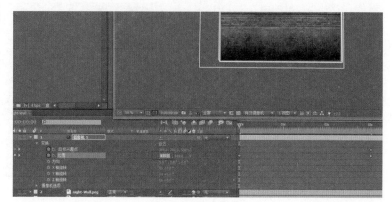

图 1-71

29 展开摄像机属性下面的"摄像机选项"一栏，将"景深"属性设置为"打开"。将时间轴指示器拖至3s位置，设置关键帧，将"孔径"改为255像素，可以观察到远处景物变模糊了，如图1-72所示。

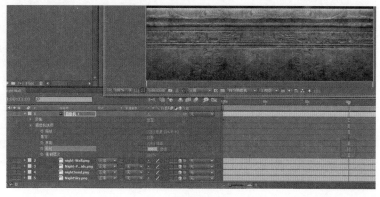

图 1-72

30 再调整"焦距"属性，尽量将"焦距"调大，可以输入2000~3000的值，这里输入2800像素，如图1-73所示。

图 1-73

31 将时间轴指示器拖至 0s 位置，"孔径"
值再次改为 80 像素，如图 1-74 所示。

图 1-74

32 将指示器拖至接近 3s 的位置，"孔
径"值改为 0 像素，画面回到初始的效果，
如图 1-75 所示。

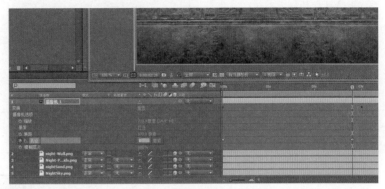

图 1-75

33 调整完毕后，拖曳指示器使画面在
0~3s 播放，可以观察到镜头在由近及远
地移动，出现景深变化的效果。下面制
作这段视频与出现字幕之间融合的效果。
导入之前的 Musical2 文件，将其拖至时
间栏并顶端排序，将文件片段移动到时
间指示器的位置，再将"变换"属性展开，
调节"透明度"为 0%，并创建关键帧，
如图 1-76 所示。

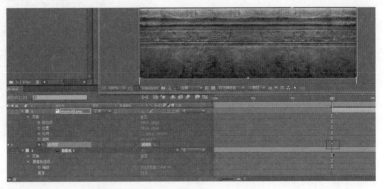

图 1-76

34 将指示器往后稍微移动几帧，将"透
明度"设置为 100%，再次创建关键帧，
如图 1-77 所示。

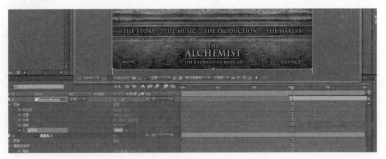

图 1-77

35 再将指示器往后移动到如图 1-78 所示的位置，在"透明度"前的小圆点处单击，此图标的命令为"在当前时间添加或移除关键帧"。

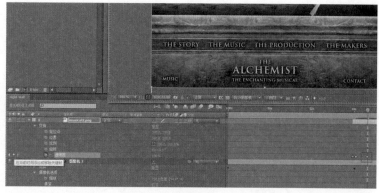

图 1-78

36 继续往后移动指示器，将"透明度"改回 0%，并创建关键帧，如图 1-79 所示。

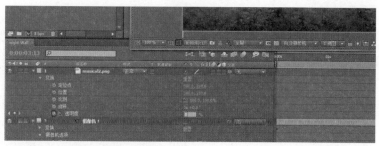

图 1-79

37 展开摄像机属性，在"变换"属性的"目标兴趣点"和"位置"中设置如图 1-80 所示位置的初始关键帧。

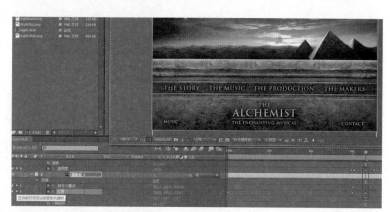

图 1-80

38 移动时间指示器到接近 4s 的位置，放大操作区域的画面，改变其位置的数值如图 1-81 所示，并创建关键帧。

图 1-81

39 执行"图层"→"新建"→"调节层"命令，在操作区域的图层顶部添加一个调节层，如图 1-82 所示。

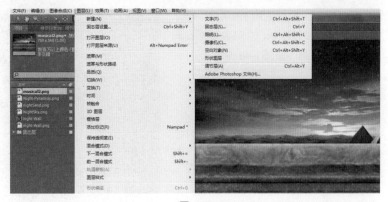

图 1-82

40 在调节层中执行"效果"→"色彩校正"→"色阶"命令，如图 1-83 所示。

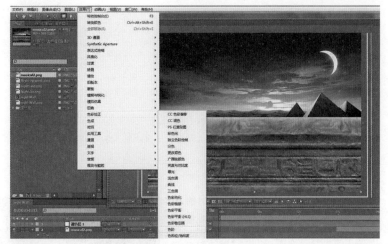

图 1-83

41 在特效控制台中，通过更改"色阶"的数值，形成曝光的效果。更改柱形图颜色，设置初始关键帧，时间指示器往后拖移，输入白色减小，输出黑色增大，并设置"柱形图"的关键帧，如图 1-84 所示。

图 1-84

42 在"色阶"属性中的通道中，将 RGB 改为"红色"，此时关键帧移动到如图 1-85 所示的位置。

图 1-85

43 收起操作区域所有图层的属性,将合成视频窗口独立出来,按空格键播放最终做出来的效果,如图1-86所示。

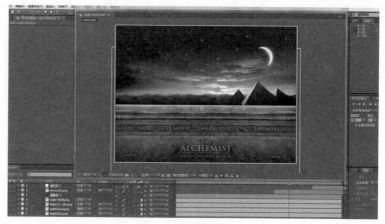

图 1-86

1.5　After Effects 超真实抠像技术

本节制作一个影视合成中常用的真实、柔和的抠像效果——奔驰的汽车与外面街景的合成效果,如图1-87所示。

图 1-87

01 在 After Effects 中打开视频文件 Raw_BG.mov 与 street_BG.mov,在项目库底部有一个"项目设置"按钮,默认为8bpc,按住 Alt 键单击该按钮,可以在8、16、32之间互相切换,从而调整项目的颜色深度,现在切换至 32bpc(为何切换到32bpc,案例后面会讲到),并新建合成,如图1-88所示。

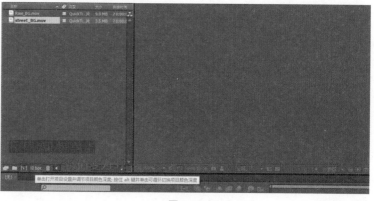

图 1-88

02 将 Raw_BG.mov 素材文件单击拖曳至"新建合成"中，在操作区域自动创建新建合成背景，拖曳时间线指示器查看素材进度，如图 1-89 所示。

图 1-89

可以看到汽车窗外的绿屏背景，以及玻璃的反光等，如图 1-90 所示。

图 1-90

03 将外面的绿屏抠掉，换上街景素材，而且在这个基础上保留原视频的反光及车窗标志的部分。选中 Raw_BG.mov 文件，执行"效果"→"键控"→ Keylight（1.2）命令，如图 1-91 所示。

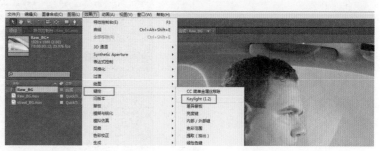

图 1-91

04 利用"屏幕色"的"吸管工具"将车窗玻璃的部分颜色扣掉，可以观察到色彩变得很黑，这时可以设置"屏幕增益"为 70，从而降低黑色的色调，但此时仍旧有绿色的部分，如图 1-92 所示。

图 1-92

05 这样的操作会失去使图像更真实的"颜色抑制",下面运用一个小技巧来解决这个问题,选中 Raw_BG 图层,执行"复制"命令,如图 1-93 所示。

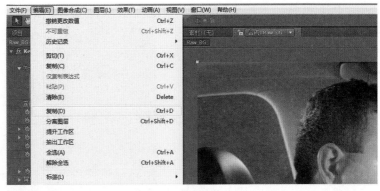

图 1-93

06 在操作区域出现两个相同的图层,选中最初添加的 key light（1.2）图层,在特效控制台中选择 key light（1.2）,右击,在弹出的快捷菜单中选择"全部移除"命令,如图 1-94 所示。

图 1-94

07 此时在图层中就有了一段应用了 key light（1.2）的视频和一段没添加过任何特效的原视频,如图 1-95 所示。

图 1-95

08 设置"轨迹遮罩"。在时间栏的轨道蒙版处,单击并切换为"Alpha 蒙版 Raw_BG.mov",这样做的目的是,让上一图层变成透明通道（透明贴图）,如图 1-96 所示。

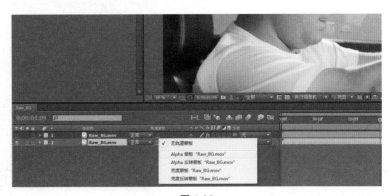

图 1-96

09 完成后单击"透明栅格"按钮就，即可隐约看到透明的车窗了，如图 1-97 所示。

图 1-97

10 此时还有一个任务就是去掉"绿色"。选择底部图层，执行"图层"→"预合成"命令，如图 1-98 所示。

图 1-98

11 在弹出的"预合成"对话框中，选择保留其全部属性，单击"确定"按钮，如图 1-99 所示。此时进入"抑制合成"图层中，为了去掉绿色的饱和度，在该图层中要想办法将饱和度降低。比较快捷的方法是在"特效"→"色彩校正"→"色相位 / 饱和度"命令中调整，但这种方法会损失很多车窗上反射的细节（这里大家可以动手试一下），也可以换另一种方式保留这些细节，而且可以降低"绿色"的饱和度。

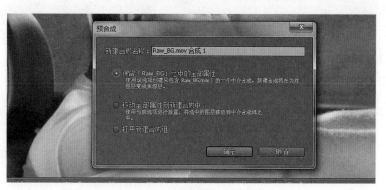

图 1-99

12 双击"Raw_BG.mov 合成 1"，进入预合成组，选中视频素材层，并单击复制，在复制出的图层中添加 key light（1.2）特效，并用"吸管工具"吸取车窗部位的颜色，如图 1-100 所示。

图 1-100

13 隐藏原有图层，显示复制图层，效果
如图 1-101 所示。

图 1-101

14 下面要做的是把上一层视频的颜色信
息运用到下一层视频的颜色信息上。放
大显示操作区域的视频，可以看到手臂
的反光信息和透明玻璃上的标志信息，
如图 1-102 所示。

图 1-102

15 选择顶部的 Raw_BG.mov 图层，执
行"效果"→"通道"→"通道合成器"
命令，如图 1-103 所示。

图 1-103

16 在属性设置中切换"更改选项"为"直
通到预乘"，这样基本颜色信息就回来了，
如图 1-104 所示。

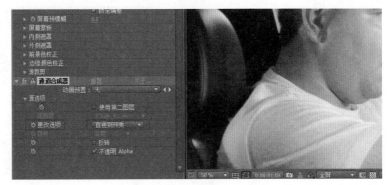

图 1-104

17 此时在车窗上的反射信息还不明显，勾选"不透明 Alpha"复选框，反射信息也显示出来了，如图 1-105 所示。

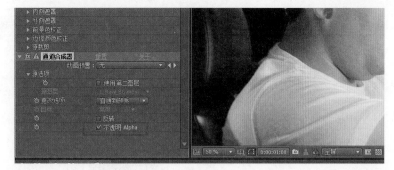

图 1-105

18 显示两个图层，将"混合模式"改为"颜色"，如图 1-106 所示。

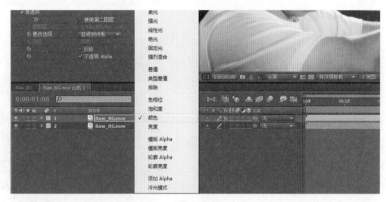

图 1-106

19 最终绿色就被完美地抑制住了，放大观看效果，如图 1-107 所示。

图 1-107

20 下面替换车窗外的背景色。在 key light 中设置"屏幕调和"为 65，并回到原合成中，如图 1-108 所示。

图 1-108

21 这里有一个没有被绿色影响到的半透区域，单击"透明栅格"按钮观察一下，如图 1-109 所示。

图 1-109

22 将另一段夜景的视频合成到素材中，在项目库中导入 street_BG.mov 视频素材，并拖曳至时间栏的底部，如图 1-110 所示。

图 1-110

23 放大视频区域观看，角色的鼻梁上应该会有车窗的反光，也就是有一圈光晕，在这里需要把它表现出来，如图 1-111 所示。

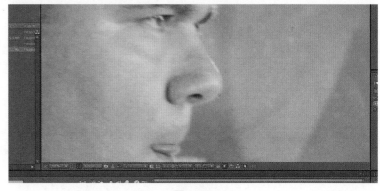

图 1-111

24 选择顶部的图层，在"键控"特效中展开"屏幕蒙版"，将"屏幕预模糊"调整为 0.5，"修剪白色"调整为 85，"屏幕收缩/扩张"调整为 -2，如图 1-112 所示。

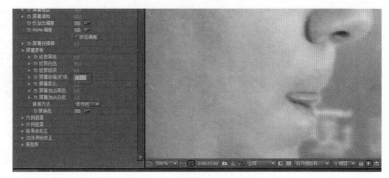

图 1-112

25 调整完毕后，选择底部的图层，添加"效果"→"色彩校正"→"曝光"特效，如图 1-113 所示。

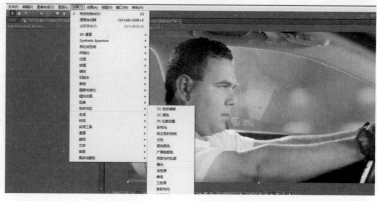

图 1-113

26 将"曝光"属性面板中的"曝光"调整为 2.2，"Gamma 校正"调整为 0.48，这样做可以增加车窗背景板的亮度，使像素亮到可以从模糊的车窗上掠过，如图 1-114 所示。

图 1-114

27 此时光线有了穿透玻璃的效果，但是有少数高光的区域还是过亮。例如图 1-115 所示的区域。

图 1-115

28 这里可以用到"HDR 高光压缩"特效进行调节，执行"效果"→"实用工具"→"HDR 高光压缩"命令，如图 1-116 所示。

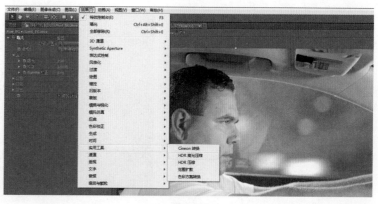

图 1-116

29 将"高光压缩"的"数值"改为
61%，如图 1-117 所示。

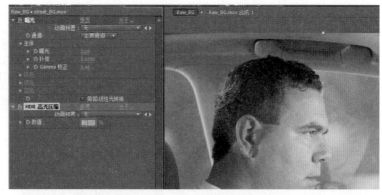

图 1-117

讲到这里，要解释一下在本节开始
时为什么要把"颜色深度"改为 32bpc。
如果按图 1-118 所示改为 8bpc，可以观
察到亮光部分曝光调整后的质量非常差，
像素比较白，更亮时就会出现瑕疵。所
以在这里要使用 32 bpc 的颜色深度。

图 1-118

30 拖曳时间轴指示器观看视频，街景的
色溢与亮度比较合适即可。现在的像素
有些粗糙，执行"效果"→"噪波与颗
粒"→"移除颗粒"命令，选择"移除颗粒"
属性，将查看模式更改为"最终输出"，
如图 1-119 所示。

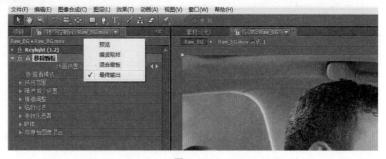

图 1-119

31 将"噪波减少"调整为 2。这样效果
会好一些，如图 1-120 所示。

图 1-120

32 接下来在图层中创建一个调节层，开始对视频进行色彩调节。执行"图层"→"新建"→"调节层"命令，如图 1-121 所示。

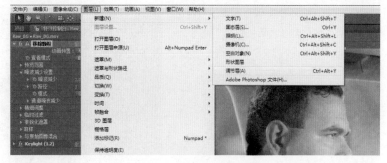

图 1-121

33 在调节层中添加"曲线"特效，接着再添加一个"浅色调"特效，如图 1-122 所示。

图 1-122

34 将"浅色调"的"着色数值"更改为 20%，再将"曲线"调整为如图 1-123 所示的状态。

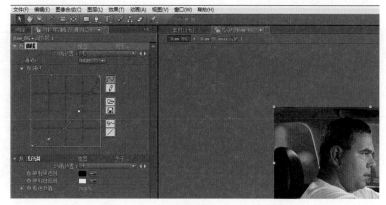

图 1-123

35 将通道由 RGB 更改为"红"，调整"曲线"为如图 1-124 所示的状态。

图 1-124

36 将通道更改为"蓝",按照如图1-125所示的方式将"着色数值"调整为40%。

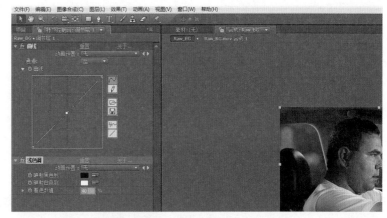

图 1-125

37 重新添加一个"曲线"特效,并将通道更改为"红",曲线调整到如图1-126所示的状态。

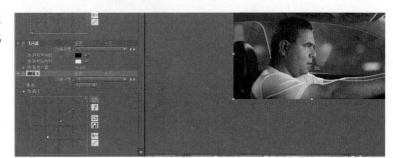

图 1-126

38 将"通道"更改为RGB,调整曲线到如图1-127所示的状态。

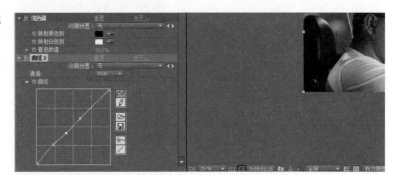

图 1-127

39 最后返回项目合成组,并整理图层。放大视频操作区域,播放视频观看效果,如图1-128所示(最终的效果可以参考本书教学视频中的内容)。

图 1-128

1.6　Colorkey 人物与 MAYA 场景的结合

1.6.1　MAYA 场景搭建

　　MAYA 可以用来制作虚拟的场景，结合实拍素材并进行后期合成处理，实现逼真的照片级效果。

01 启动 MAYA 软件，在菜单栏中执行"创建"→"多边形基本体"→"立方体"和"平面"命令，制作一个方盒和一个面片。然后执行"网格"→"创建多边形工具"命令，绘制出侧面的房顶横梁图形，注意，这里的房顶只画一半，如图 1-129 所示。

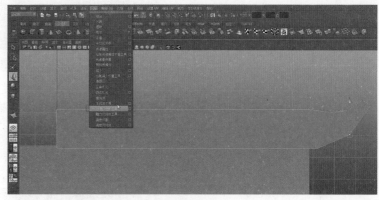

图 1-129

02 切换到多边形的模块，执行"编辑网格"→"挤出"命令，选择屋顶横梁的面，挤出屋顶横梁的厚度，如图 1-130 所示。

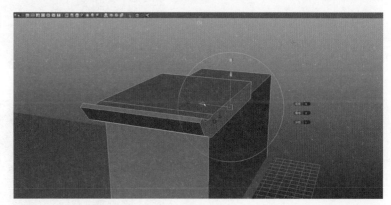

图 1-130

03 选中物体，按住 Insert 键，将移动轴中心移动至如图 1.6.3 所示的位置，将缩放的 X 轴改为 -1，如图 1-131 所示。

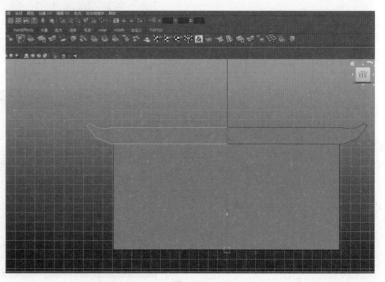

图 1-131

04 选择两端的物体，并执行"合并"命令。选择中心的点，执行"编辑网格"→"合并"命令，在弹出的"合并顶点选项"对话框中将"阈值"改为0.0100，单击"应用"按钮，如图1-132所示。

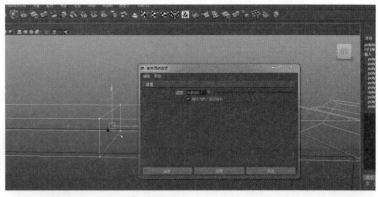

图 1-132

05 加入几条线段，按住 Ctrl 键的同时右击，选择"到环形边并分割"工具，如图 1-133 所示。

图 1-133

06 执行"网格"→"结合"命令，将两个场景结合，如图1-134所示。

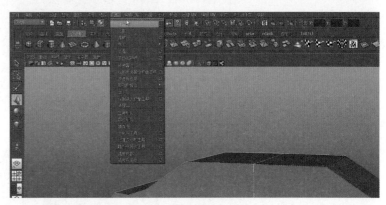

图 1-134

07 执行"编辑网格"→"交互式分割工具"命令，对场景进行"插入线段"处理，如图1-135所示。

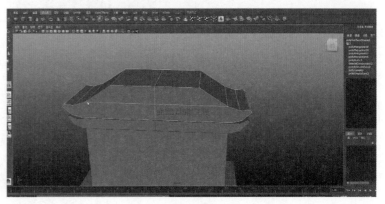

图 1-135

08 还可以利用"插入循环边工具"进行加线处理，如图 1-136 所示。

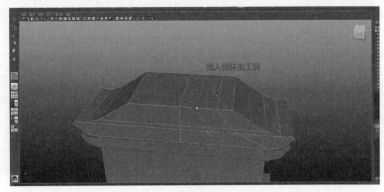

图 1-136

09 调整线段，直到得出如图 1-137 所示的效果。

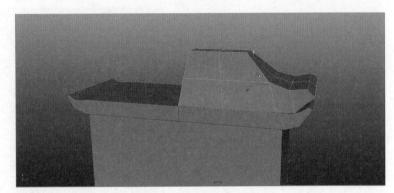

图 1-137

10 调整后的模型如图 1-138 所示。

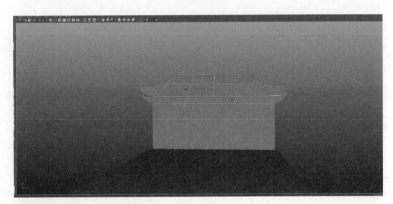

图 1-138

11 继续深化处理，添加瓦片和房梁的效果，如图 1-139 所示。

图 1-139

12 再次执行"创建多边形工具"命令，
画出大门的形状，执行"挤出工具"命令，
拉出门的厚度，如图1-140所示。

图 1-140

13 拖曳门，并插入房体中。先选择房体，
再选择大门。执行"网格"→"布尔"→"差
集"命令，如图1-141所示。

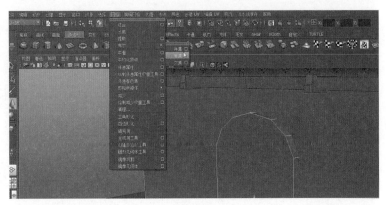

图 1-141

14 重复使用该工具，得到最终的效果，
如图1-142所示。

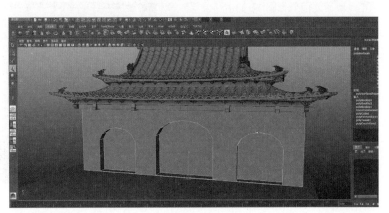

图 1-142

15 导入事先准备好的玉石栏杆模型，
并挤出模型的连接部分，如图1-143所示。

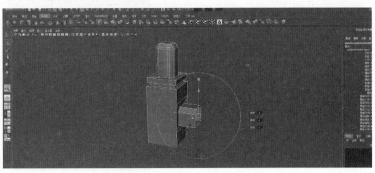

图 1-143

16 制作完毕后，循环复制几个相同的模型，如图 1-144 所示。

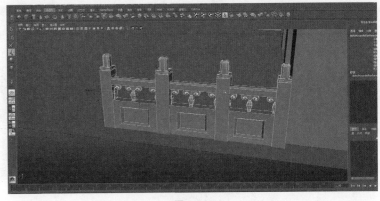

图 1-144

17 最终的效果如图 1-145 所示。

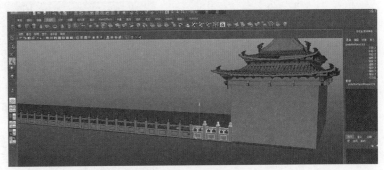

图 1-145

18 在渲染面板中设置摄像机。切换到摄像机视图，设置摄像机渲染尺寸为 1280×720，其他属性按照如图 1-146 所示进行设置。

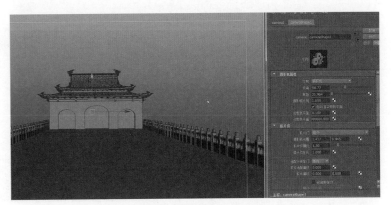

图 1-146

19 接下来创建 MAYA 的材质贴图，执行"窗口"→"渲染编辑器"→"Hypershade"（材质编辑器）命令，赋予房顶一个 Lambert 材质，在材质球上右击，选择"为当前选择指定材质"选项，为房顶瓦片贴上材质，如图 1-147 所示。

图 1-147

20 执行"创建 UV"→"平面映射"命令，在弹出的"平面映射选项"对话框中进行如图 1-148 所示的设置，创建映射选项。

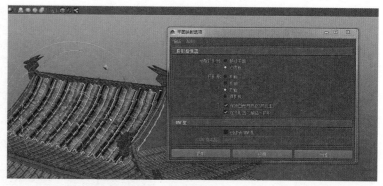

图 1-148

21 执行"UV 编辑器"命令，手动定位贴图与坐标的位置，如图 1-149 所示。

图 1-149

22 为地面给予 Lambert 材质，并手动调整 UV 方向，如图 1-150 所示。

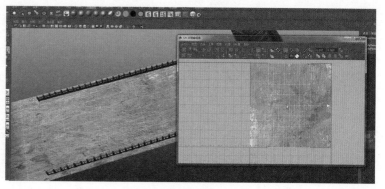

图 1-150

23 下面创建场景中的灯光，创建一个面片，用动画模块中的"弯曲"命令将其弯曲，并赋予 Blin 材质，将"颜色"调整为蓝色，"环境色"为白色，如图 1-151所示。

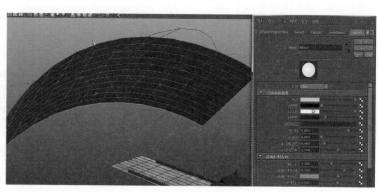

图 1-151

24 用该对象作为整个场景的反射光子贴图，执行"创建"→"灯光"→"聚光灯"命令，按照如图 1-152 所示调整其参数。

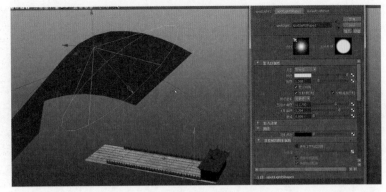

图 1-152

25 按 T 键，调出灯光的控制控制柄，拖曳中心控制柄至场景地面，灯光至如图 1-153 所示的位置，展开"光线跟踪阴影"属性，勾选"使用光线追踪阴影"复选框，并设置其他参数。

图 1-153

26 其他贴图制作完成，为大门单独赋予 Blin 材质，如图 1-154 所示。

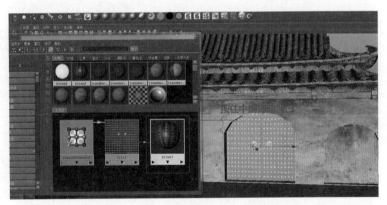

图 1-154

27 完成制作后，选择所有的模型（不包括灯光和反光贴图），在渲染图层中"创建新层并制定选定对象"，如图 1-155 所示。

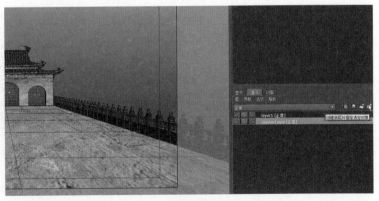

图 1-155

28 在出现的"layer1"上右键指定添加"属性",出现"属性编辑器",在"预设"中选择"遮挡"选项,如图1-156所示。

图 1-156

29 打开"渲染设置"面板,设置Mentalray渲染器,在"质量"选项卡中按照如图1-157所示进行参数设置。

图 1-157

30 设置"间接照明"选项卡中的属性,如图1-158所示。

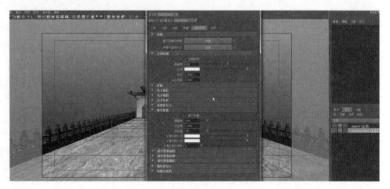

图 1-158

31 渲染当前摄像机视图,并保存为PNG格式的图片,如图1-159所示。

图 1-159

32 渲染遮挡（Occ）层，并保存为 PNG
格式的图片，如图 1-160 所示。

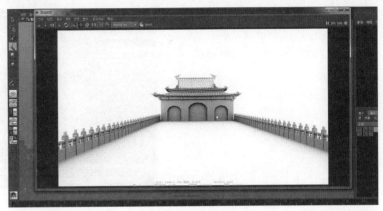

图 1-160

1.6.2　After Effects 后期合成

01 启动 After Effects 软件，在文件中导
入制作好的图片，如图 1-161 所示。

图 1-161

02 将导入的 diffuse_tiantan.png 与 occ_
tiantan.png 图片进行叠加，混合模式改为
"正片叠底"，如图 1-162 所示。

图 1-162

03 将 Facetexture.png 放置到底层，occ_
tiantan 混合模式改为"正片叠底"，如
图 1-163 所示。

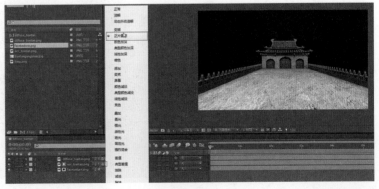

图 1-163

04 导入视频素材 146822_vJshi.mp4，并
放置到顶层，按住 Shift 键，单击拖曳调
整角色图片的大小，如图 1-164 所示。

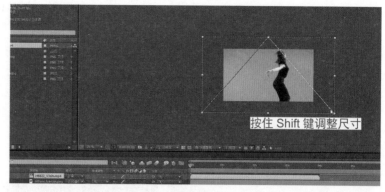

图 1-164

05 使用 Keylight 键控抠像工具对其背景
进行抠像，将"屏幕增益"改为 120，"屏
幕均衡"改为 90，如图 1-165 所示。

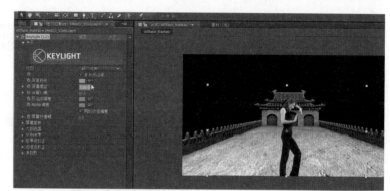

图 1-165

06 打开屏幕蒙版，将"屏幕柔化"改为
2，并导入背景贴图，如图 1-166 所示。

图 1-166

07 将制作好的背景天空和城市图片放置
到图层的底部，如图 1-167 所示。

图 1-167

08 将制作的树木背景也导入进来，如图 1-168 所示。

图 1-168

09 可以多导入一些不同形态的树木，并手动调整到合适的位置，如图 1-169 所示。

图 1-169

10 现在进行色彩校正，添加一个调节层，执行"曲线"命令，设置曲线的状态如图 1-170 所示。

图 1-170

11 执行"色彩校正"→"浅色调"命令，将"着色数值"改为 40%，再添加一个"曲线"特效，将"通道"改为"蓝"，曲线的状态如图 1-171 所示。

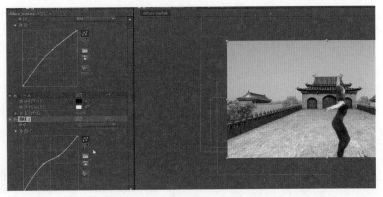

图 1-171

12 将"通道"改回 RGB，"曲线"调整为如图 1-172 所示的状态。

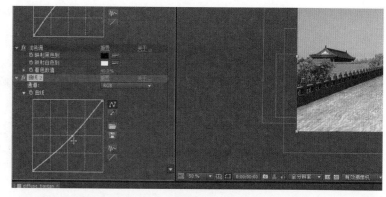

图 1-172

13 将"通道"调整为"红"，"曲线"调整为如图 1-173 所示的状态。

图 1-173

14 按快捷键 Ctrl+D 复制出一个角色图层，在该图层上执行"效果"→"透视"→"阴影"命令，为角色添加投影效果，勾选"只有阴影"复选框，运用"旋转"工具调整其角度，如图 1-174 所示。

图 1-174

15 开启"3D 图层"，运用三维坐标轴向进行进一步调整，如图 1-175 所示。

图 1-175

16 更改阴影属性的"柔化"为 50，最后的效果如图 1-176 所示（最终的效果可参考本书素材中的视频文件）。

图 1-176

1.7　难点技术回顾

　　下面回顾一下本章学习的几个重要知识点。本章对 After Effects 中的抠像工具——Keylight 进行了重点的讲解，阐述了抠像技术在影视制作中的运用方法，另外也展示了摄像机的 3D 效果，现在来总结学习中需要掌握的重难点。

　　1. 在使用 Keylight1.2 工具抠除人物角色背景时，处理好人物角色边缘与背景的融合程度，这是本节的重点，也是难点所在。调节 Keylight1.2 的属性参数时，尤其屏幕预模糊与屏幕蒙版的搭配使用是关键。在调色的过程中，"色阶"命令中的 RGB 通道也发挥了重要的作用，这是保证影片校色质量的关键所在。

　　2. 在设置摄像机的 3D 效果时，摄像机的距离对拍摄效果的纵深感起到非常关键的作用，对象之间的空间感需要调节摄像机的景深、焦距、孔径和模糊层次等参数，这样合成的画面才会有真实的立体感觉。

　　3. 在超柔和抠像操作中，Alpha 工具、特效工具通道合成器、HDR 高光压缩等，对玻璃的反射效果起到了很大的帮助；"曲线"命令中 RGB 通道的使用让画面更有电影效果的质感。

1.8　拓展与思考练习——数字遮罩绘景技术（Mattepainting）

2.1　After Effects 字幕效果的制作与处理

2.1.1　文字效果

本节讲解文字工具在影视片头和栏目中的使用方法。

01 启动 After Effects 软件，在"项目库"面板中右键，在弹出的快捷菜单中执行"导入"→"导入文件"命令，选择已经准备好的"出字效果练习"图片文件，并导入进来。选择图片拖曳至项目库底部的"新建合成"按钮上，图片载入视频监视器中，如图 2-1 所示。

图 2-1

02 执行"图层"→"新建"→"文字"命令，如图 2-3 所示。

图 2-2

03 弹出"文字"面板，在属性中调整字体为"黑体"，"大小""间距""长宽比"，按照如图 2-3 所示进行设置。

图 2-3

04 调整时间栏操作区域的参数。展开"文字"图层的属性列表，在"动画"属性上单击，在弹出的菜单中选择"位置"选项，如图 2-4 所示。

图 2-4

05 此时在展开属性的下面会出现"动画1"的控制范围，即"范围选择器 1"。这里也有一个"位置"属性，与"变换"属性下的位置不同，这里的"位置"可以单独控制每个字的变化。在此将位置的 Y 轴位置改为 -1000，如图 2-5 所示。

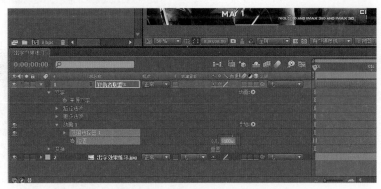

图 2-5

06 展开"范围选择器 1"，在"结束"属性前单击"时间秒表变化"开关按钮，即"关键帧控制器"，将时间轴指示器拖至 0s 位置，如图 2-6 所示。

图 2-6

07 将时间轴指示器拖至 4s 位置，将"结束"属性更改为 0%，如图 2-7 所示。

图 2-7

08 按空格键播放视频，文字从尾至首逐一掉落下来，如图 2-8 所示。

图 2-8

09 如果希望文字掉落的速度快一些，框选关键帧的小方块，并拖至 2s 位置解开，如图 2-9 所示。

图 2-9

10 删除结束中的所有关键帧，在"开始"属性后设置初始关键帧，更改"开始"属性为 0%，如图 2-10 所示。

图 2-10

11 在 2s 位置设置末尾关键帧为 100%，
如图 2-11 所示。

图 2-11

　　这样，文字就从首端开始掉落了。

　　前面所讲的是文字逐个运动的效果，接下来讲解文字逐个显示的效果。这里要运用到"动画属性"和"范围选择器"，从而对每个文字起到控制的效果。制作方法如下。

01 添加初始效果图片，运用文字工具输
入文字，在"动画"属性中选择"透明度"，
如图 2-12 所示。

图 2-12

02 调整"透明度"属性为 0%，展开"范
围选择器 1"，将"偏移"更改为 0%，
将时间轴指示器拖至 0s 位置，并创建关
键帧，如图 2-13 所示。

图 2-13

03 将时间轴指示器拖至 1s 到 2s 之间，
设置"偏移"为 100%，如图 2-14 所示。

图 2-14

04 按空格键播放视频，文字从末端开始
逐渐显示出来，如图 2-15 所示。要使文
字的显示方向发生变化，可以参考上一
个文字显示案例，改变开始和结束的关
键帧即可。

图 2-15

2.1.2 文字烟雾效果

01 执行"图像合成"→"新建图像"命
令，并设置参数，如图 2-16 所示。

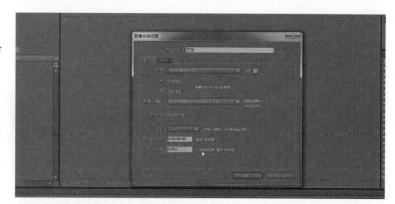

图 2-16

02 执行"图层"→"新建"→"文字"
命令，输入"电影频道"4 个字，并调整
文字的属性，如图 2-17 所示。

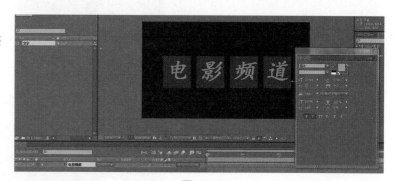

图 2-17

03 框选所有的文字，执行"效果"→"生
成"→"渐变"命令（拖曳工具窗口上
的双虚线将其变为浮动窗口），如图 2-18
所示。

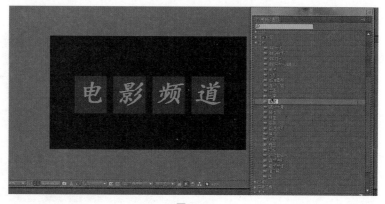

图 2-18

04 单击"渐变开始"后面的"中心定位"
按钮，可以定位开始的颜色，然后单击
"渐变结束"后面的"中心定位"按钮，
定位结束时的颜色，并且将"开始色"
更改为浅紫色，如图 2-19 所示。

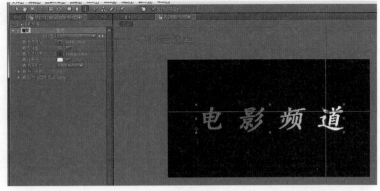

图 2-19

05 再新建合成组，并命名为"噪波"，
设置尺寸和持续时间与文字图层保持一
致，如图 2-20 所示。

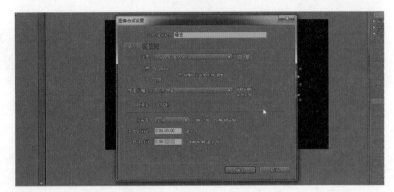

图 2-20

06 执行"图层"→"新建"→"固态层"
命令，新建名称为"噪波蒙版"，背景
色为黑色的固态层，如图 2-21 所示。

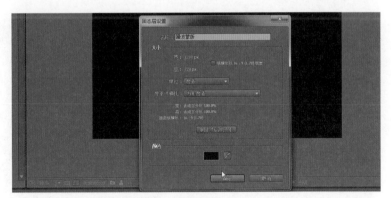

图 2-21

07 在噪波蒙版上添加一个"分形噪波"
特效，如图 2-22 所示。

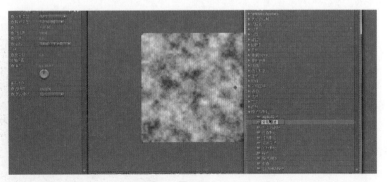

图 2-22

08 设置"分形噪波"属性中的"演变"，单击前面的"码表"按钮，设置初始帧为 1×+0.0°，末尾帧为 3×+0.0°，如图 2-23 所示。

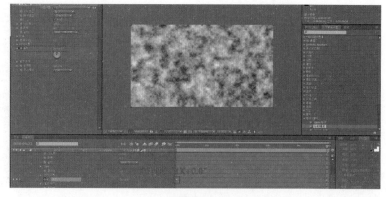

图 2-23

09 执行"色彩校正"→"色阶"命令，在属性下将"通道"改为"蓝"，"蓝色输出黑色"改为 120，如图 2-24 所示。

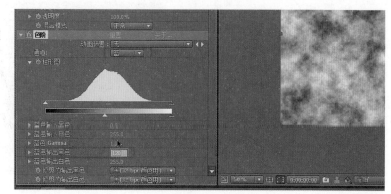

图 2-24

10 继续在工具栏中选择"矩形蒙版"工具，拖曳整个视频区域，使黄色边框刚好盖过该区域，如图 2-25 所示。

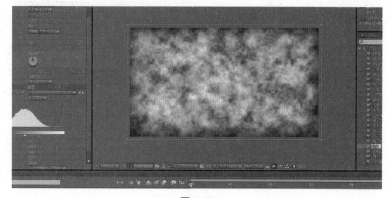

图 2-25

11 框选左侧的遮罩顶点，在 0s 位置设置"遮罩形状"为"初始关键帧"，拖曳时间轴指示器至 0:00:04:23 的位置，按住 Shift 键拖曳鼠标，平移遮罩顶点，"噪波"产生了关键帧动画，如图 2-26 所示。

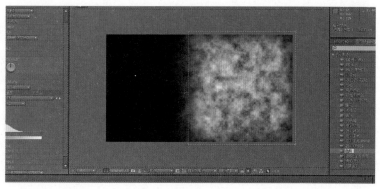

图 2-26

12 在项目库中按快捷键 Ctrl+D 复制一个噪波合成组，更改名称为"噪波 2"，选择"噪波 2"合成组，添加一个"曲线"特效，并将"曲线"的形态改为倒锥形，如图 2-27 所示。

图 2-27

13 再新建一个合成组，命名为"烟雾文字"，设置参数如图 2-28 所示。

图 2-28

14 新建固态层，命名为"背景"，颜色为"黑色"。在项目库中依次选择"噪波""噪波 2""文字"3 个背景图层（顺序不能错），并拖至"烟雾文字"合成组中，如图 2-29 所示。

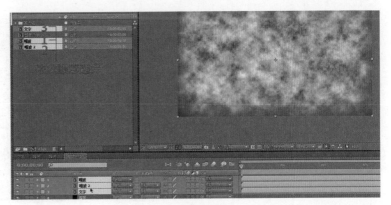

图 2-29

15 选择背景图层，执行"渐变"命令，从上至下填充渐变颜色，并更改"开始色"与"结束色"，如图 2-30 所示。

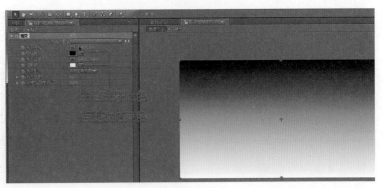

图 2-30

16 选择"文字"图层,执行"模糊与锐化"→"复合模糊"命令,将属性中的"模糊层"更改为"噪波2",如图2-31所示。

图 2-31

17 更改"最大模糊"为300,如图2-32所示。

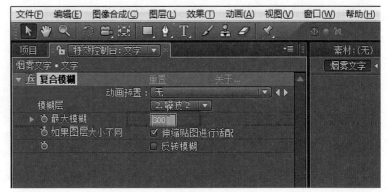

图 2-32

18 执行"扭曲"→"置换映射"命令,将属性中的"置换映射"改为"噪波",如图2-33所示。

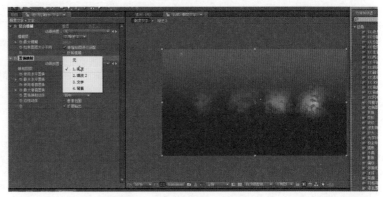

图 2-33

19 将"最大垂直置换"更改为200,效果如图2-34所示。

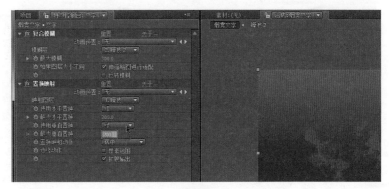

图 2-34

20 播放视频，效果如图 2-35 所示。

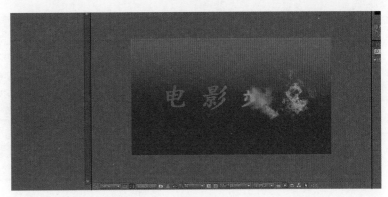

图 2-35

21 执行"透视"→"阴影"命令，并设置参数，如图 2-36 所示。

图 2-36

22 再添加一个"CC 扫光"特效，如图 2-37 所示。

图 2-37

23 设置 CC 扫光的中心关键帧，从 0:00:00:00 到 0:00:04:23 设置初始关键帧和末尾关键帧，拖曳中心关键帧从左至右移动，如图 2-38 所示。

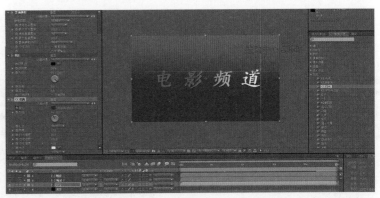

图 2-38

24 最终播放效果，如图 2-39 所示。

图 2-39

2.1.3 文字爆破效果

01 新建合成文件，命名为"爆炸文字"，
尺寸为 1280×720，持续时间为 5s，新
建一个固态层，命名为"背景"，尺寸
保持一致，如图 2-40 所示。

图 2-40

02 在背景层上添加一个"渐变"特效，
设置"渐变开始"为 360.0,69.0，"开始色"
为 R:0,G:153,B:203，如图 2-41 所示。

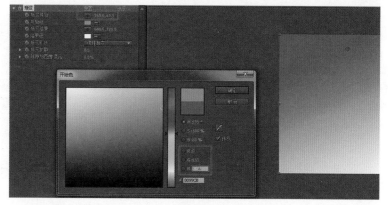

图 2-41

03 将"渐变形状"更改为"放射渐变"，
如图 2-42 所示。

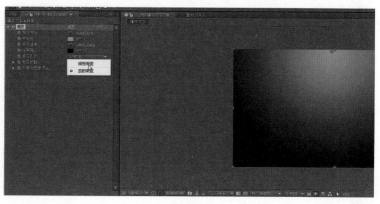

图 2-42

04 输入文字，并更改文字的属性，字体为"微软雅黑"，颜色为浅蓝色，如图 2-43 所示。

图 2-43

05 选择文字图层，执行"效果"→"模拟仿真"→"碎片"命令，如图 2-44 所示。

图 2-44

06 在"碎片"的属性中更改"查看"为"渲染"，如图 2-45 所示。

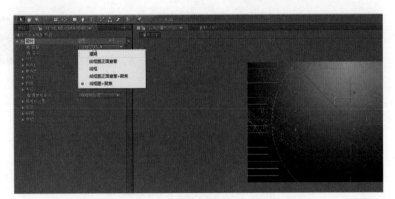

图 2-45

07 在时间栏中，移动时间轴指示器至 0:00:00:14 的位置，在"碎片"属性下更改"位置"坐标为 102.0,266.0，如图 2-46 所示。

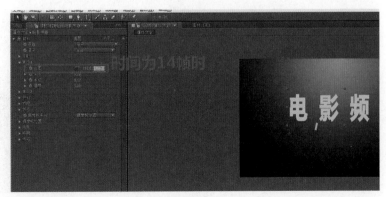

图 2-46

08 将时间轴指示器移至 0:00:04:24 的位置，改动"位置"为 980.0,300.0，如图 2-47 所示。

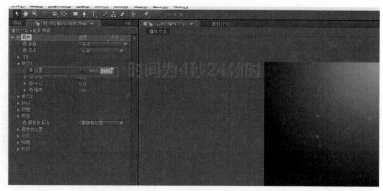

图 2-47

09 调整"外形"中的"反复"参数为 40，"挤压深度"改为 0.2，这样，碎片的细碎程度会更小，如图 2-48 所示。

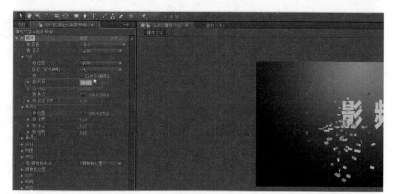

图 2-48

10 在文字图层上执行"效果"→ Trapcode → Sine 命令，这是一款光照的插件，如图 2-49 所示。

图 2-49

11 展开 Sine 中的 Colorize 属性，更改 Lysergic（麦角）和 Lightness（轻柔）参数，将 Transfer Mod（传递）更改为 Add，如图 2-50 所示。

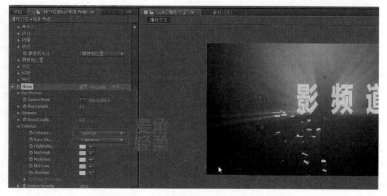

图 2-50

12 单击 Source Point（源点）后面的中
心定位按钮，在 0s 位置定位闪光点并创
建关键帧，如图 2-51 所示。

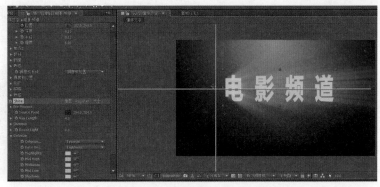

图 2-51

13 将时间轴指示器拖至 0:00:04:07 的位
置，定位点平移至如图 2-52 所示的位置。

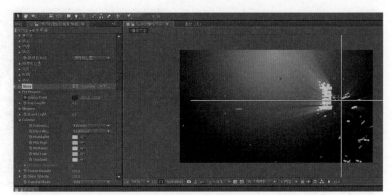

图 2-52

14 拖曳时间轴指示器查看视频效果，如
图 2-53 所示。

图 2-53

15 新建"光晕"固态层，执行"效果"→"生
成"→"镜头光晕"命令，添加"光晕"
特效，并更改混合模式为"添加"。将
时间轴指示器拖至 0s 位置，并创建关键
帧，在"光晕中心"属性后单击"中心点"
按钮，具体位置如图 2-54 所示。

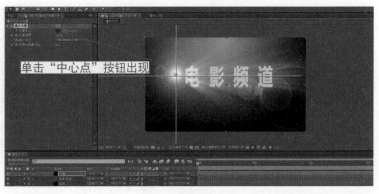

图 2-54

16 拖曳时间轴指示器至 4s 位置，将"定位点"平移至如图 2-55 所示的位置。

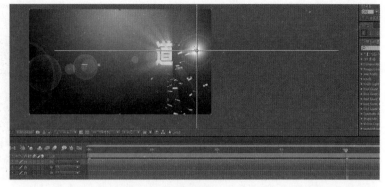

图 2-55

17 光晕、光照及碎片移动的时间可以再重新调整一下，最终效果如图 2-56 所示。

图 2-56

2.2 文字模糊特效处理

01 新建合成文件，并命名为"背景"，预置中设置尺寸为 HDV/HDTV720 25，持续时间为 5s，背景色为黑色。单击"确定"按钮后，在时间栏的合成文件中参考 2.1 节的方法新建一个字幕图层，输入"大镕影业"4 个字，字幕设置如图 2-57 所示。

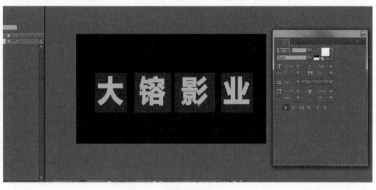

图 2-57

02 展开"文字"的属性，在"动画"上单击，选择"缩放"选项，为每个文字添加一个变化属性，如图 2-58 所示。

图 2-58

03 随后在出现的"动画1"属性后单击"添加"按钮，添加"透明度"和"模糊"两个预设值，如图2-59所示。

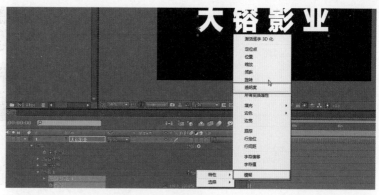

图 2-59

04 在"范围选择器1"下面多出了添加的两个预设值，试着更改"比例"为300.0,300.0%，"透明度"为10%，"模糊"为100.0,100.0，如图2-60所示。

图 2-60

05 展开"范围选择器1"，将"偏移"设置在0～100的范围，观察到文字逐一由模糊到清晰、由大变小的变化效果，如图2-61所示。

图 2-61

06 这里文字由大到小的变化不是在中心点发生的，那么还要调整中心点的位置。展开文字属性下的"更多选项"，将"编组对齐"后面的Y轴更改为-50%，此时，文字回到中心点的位置，如图2-62所示。

图 2-62

07 回到"模糊"预设值中,更改"模糊"值为12,12,字体变得清晰了一些,但是却拥挤到了一起,如图2-63所示。

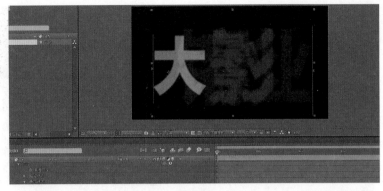

图 2-63

08 在"更多选项"中,更改"定位点编组"为"行",如图2-64所示。

图 2-64

09 手动调整"范围选择器1"中的"偏移"值,可以观察到每个文字不再拥挤。如图2-65所示。

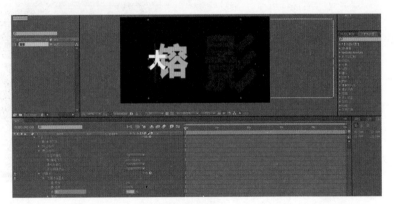

图 2-65

10 下面制作字幕出现的关键帧动画。将"透明度"改回0%,"模糊值"改为100.0,100.0,将时间轴指示器拖至初始位置,单击"偏移"值前面的"码表"按钮,创建初始关键帧,如图2-66所示。

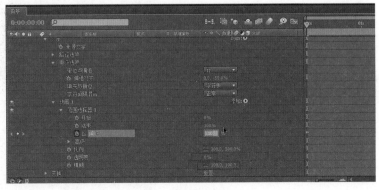

图 2-66

11 将时间轴指示器拖至 1s ～ 2s 之间的位置，改"偏移"为 -100%，创建末尾关键帧，如图 2-67 所示。

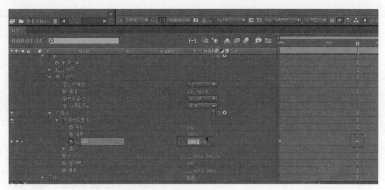

图 2-67

12 展开"高级"属性，更改"形状"为"下倾斜"，文字出现的轴心会有所变化，如图 2-68 所示。

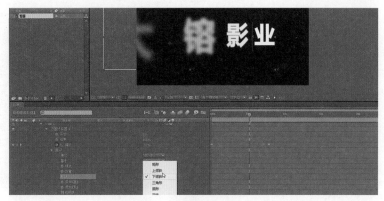

图 2-68

13 将"柔和（低）"更改为 90%，"比例"更改为 400,400%，如图 2-69 所示。

图 2-69

14 按空格键播放视频，每个文字的变化和出现效果都很不错，如图 2-70 所示。

图 2-70

15 文字制作完成后，接下来添加一些
特效，对整个片头进行包装。在图层底
部添加一个"固态层"，名称为"宝蓝
色固态层"，尺寸与合成设置一致，"颜
色"为宝蓝色，如图 2-71 所示。

图 2-71

16 在宝蓝色固态层的上方添加一个黑色
固态层，具体设置如图 2-72 所示。

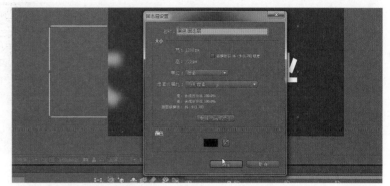

图 2-72

17 在黑色固态层中，添加一个椭圆形遮
罩，如图 2-73 所示。

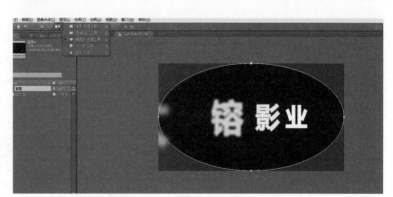

图 2-73

18 按 F 键，调出"遮罩羽化"属性，并
更改为 150,150.0，如图 2-74 所示。

图 2-74

19 将遮罩混合模式改为"减",如图 2-75
所示。

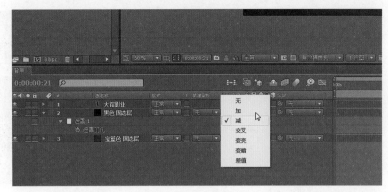

图 2-75

20 再添加一个黑色固态层,并放置在图
层顶部,执行"效果"→"生成"→"镜
头光晕"命令,如图 2-76 所示。

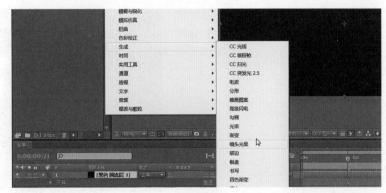

图 2-76

21 在"镜头光晕"属性中,调整"镜头
类型"为"105mm 聚焦",如图 2-77 所示。

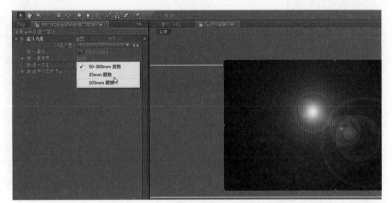

图 2-77

22 将顶部的黑色固态层更名为"镜头光
晕",用作遮罩的那一层更名为"遮罩",
底层更名为"背景固态层",并且将镜
头光晕的混合模式改为"添加",如图 2-78
所示。

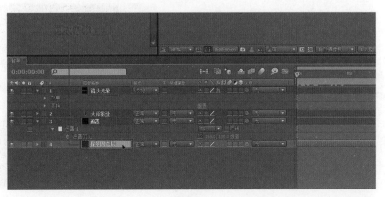

图 2-78

23 最后为"镜头光晕"图层添加一个动画效果。将时间轴指示器拖至初始位置，选中"镜头光晕"的属性名称，单击拖曳监视器区域的"光晕中心点"至最左端的位置，如图 2-79 所示。

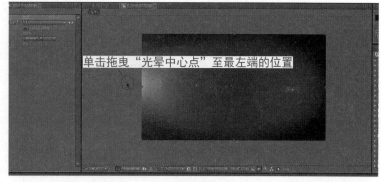

图 2-79

24 将时间轴指示器拖至文字停止的位置，按住 Shift 键并水平单击拖曳，将光晕的中心点拖至最右端的位置，如图 2-80 所示。

图 2-80

25 播放视频，光晕有了动画效果，在关键帧右击，在弹出的快捷菜单中执行"关键帧辅助"→"柔缓曲线"命令，光晕的运动停止动作变得舒缓了，如图 2-81 所示。

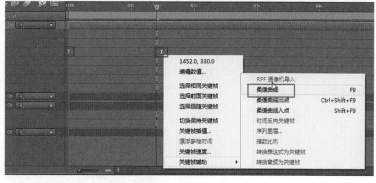

图 2-81

26 将字幕图层的混合模式更改为"添加"，最终的播放效果如图 2-82 所示（制作过程可参考相关素材中的视频文件）。

图 2-82

2.3　MAYA 与 After Effects 结合制作辉光立体字

2.3.1　MAYA 制作立体文字

　　本节来学习在 MAYA 中制作立体文字，并在 After Effects 中合成的案例。

01 启动 MAYA 软件，执行"创建"→"文本"命令，在"文本"的属性盒中调整参数，并输入要制作的文字，如图 2-83 所示。

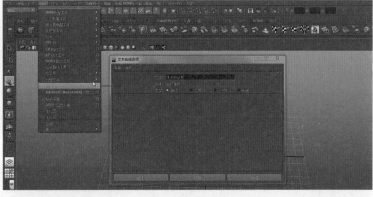

图 2-83

02 单击"应用"按钮后，在透视图中旋转该文字的 X 轴为 -90°，如图 2-84 所示。

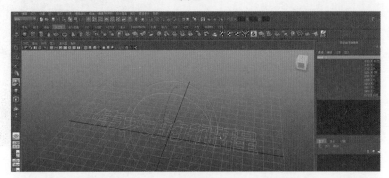

图 2-84

03 在软件左上角窗口中切换模块，进入"曲面"模块。执行"曲面"→"倒角 + 选项"命令，在弹出的"倒角 + 选项"对话框中，将"外部倒角样式"更改为"凸出"，其他设置如图 2-85 所示。

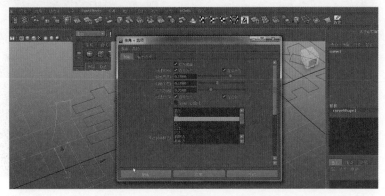

图 2-85

04 将"输出选项"改为 NURBS，单击"应用"按钮，如图 2-86 所示。

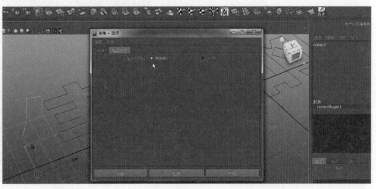

图 2-86

05 曲线转换为立体字后的效果，如图 2-87 所示。

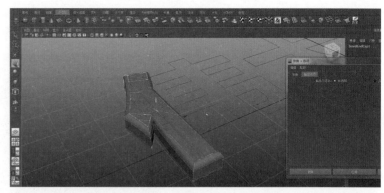

图 2-87

06 这里的文字有镂空的部位，可以依次选择要生成的区域，然后再执行"倒角"命令即可，如图 2-88 所示。

图 2-88

07 整个文字制作出的效果，如图 2-89 所示。

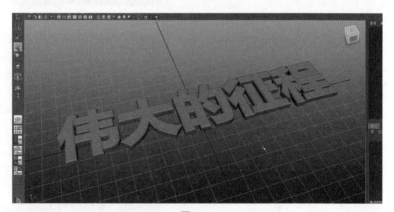

图 2-89

08 此时文字的表面精度不够，还需要将曲面细分。选择文字的某一部分，打开其属性，展开"细分"属性，勾选"显示渲染细分"复选框。再展开"简单细分选项"属性，更改"U 向分段因子"为 3，"V 向分段因子"为 1.5，如图 2-90 所示。

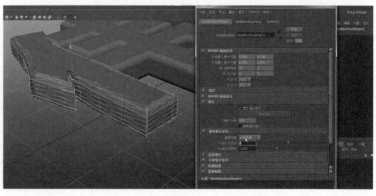

图 2-90

09 单击"渲染"按钮，渲染透视图细分后的效果，如图 2-91 所示。

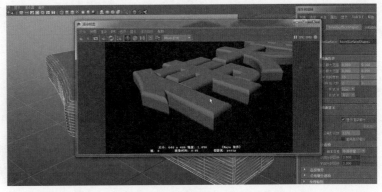

图 2-91

10 此时面片的细分情况不够理想，选择某一段面片，勾选"显示渲染部分"复选框，在"公用细分选项"属性中勾选"平滑边"复选框，将"平滑边比率"改为0.999，如图 2-92 所示。

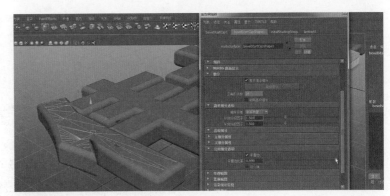

图 2-92

11 选中所有的文字，按快捷键 Ctrl+G 成组。打开"大纲管理器"，重命名文件组名为 Text_grounp，如图 2-93 所示。

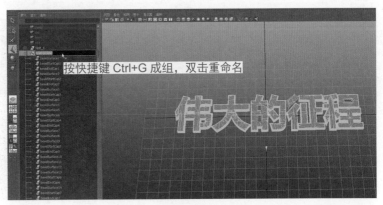

图 2-93

12 选中 Text_1，按快捷键 Ctrl+H 隐藏线圈，如图 2-94 所示效果。

图 2-94

13 在大纲中提取中间的文字，并单独成组，命名为 Grounp1。将其缩小后的效果，如图 2-95 所示。

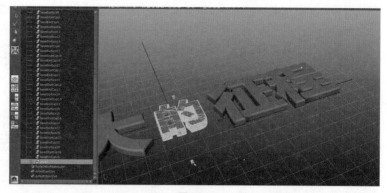

图 2-95

14 另外再选择后面两个文字，在大纲中成组，并拖至如图 2-96 所示的位置。

图 2-96

15 执行"窗口"→"渲染编辑器"→ Hypershade 命令，打开材质编辑器窗口，新创建一个 Blinn1 材质球，并调整其属性，如图 2-97 所示。

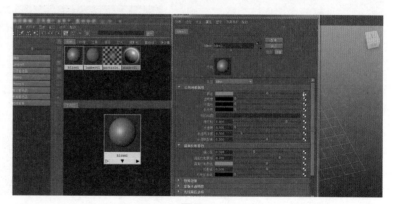

图 2-97

16 在颜色栏上添加贴图文件，先选择文字，再在材质球上右击，指定材质，如图 2-98 所示。

图 2-98

17 选择一个"投影节点"，按住鼠标中键将文件指定给"投影节点"的"默认"，再将投影的节点指定给材质球的"默认"，如图 2-99 所示。

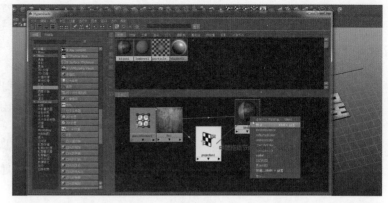

图 2-99

18 这里赋予了材质球一个"立体投影坐标"，可以拖曳 3D 坐标的轴，正确映射贴图文件，如图 2-100 所示。

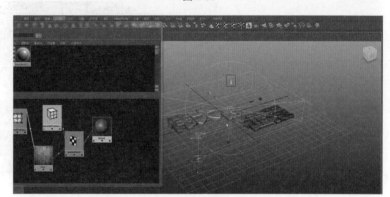

图 2-100

19 创建一个多边形平面，并水平放置在文字的底部，再创建一个 Blinn2 材质球，并选择石质贴图，右击赋予指定材质，如图 2-101 所示。

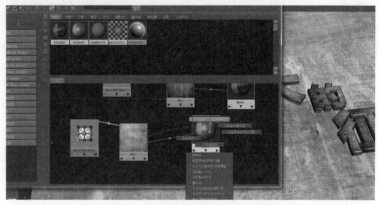

图 2-101

20 文字的"镜面反射颜色"设置，如图 2-102 所示。

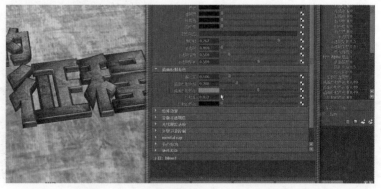

图 2-102

21 地面的"反射率"和"反射颜色"均更改为0，如图2-103所示。

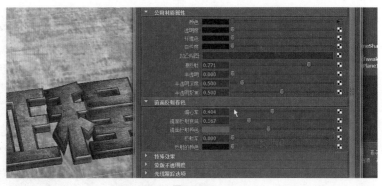

图 2-103

22 下面为场景设置灯光属性。在渲染属性面板中，选择"聚光灯"，设置聚光灯照射的范围。设置"强度"为1.2，灯光的"圆锥体角度""半影角度""衰减"等，按照如图2-104所示设置，扩大其照射范围。

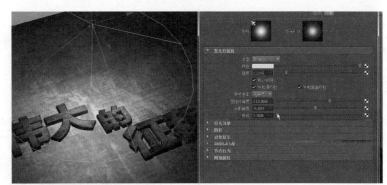

图 2-104

23 选择"分辨率门"，设置摄像机的镜头尺寸为1280×720，如图2-105所示。

图 2-105

24 单击"渲染"按钮，测试渲染效果，如图2-106所示。

图 2-106

25 打开灯光属性面板，设置灯光的阴影。勾选"深度贴图阴影属性"中的"使用深度贴图阴影"复选框，将"分辨率"设置为2046，"过滤器大小"为5，"偏移"为0.021，如图2-107所示。

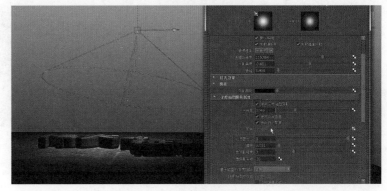

图 2-107

26 再次渲染，效果如图2-108所示。

图 2-108

27 选择文字的材质球，打开属性编辑器，将"颜色增益"调整到最大，效果如图2-109所示。

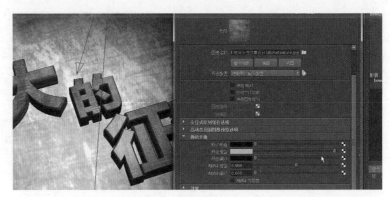

图 2-109

28 调整好灯光照射的角度，再次渲染，效果如图2-110所示。

图 2-110

29 再创建一个"体积光","颜色"为淡黄色,"强度"更改为 0.5,"颜色范围"的更改如图 2-111 所示。

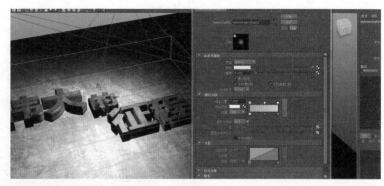

图 2-111

30 渲染测试,效果如图 2-112 所示。

图 2-112

31 在大纲中选择 Text_grounp 并复制,得到 text_grounp1。沿着 Y 轴进行缩放,如图 2-113 所示。

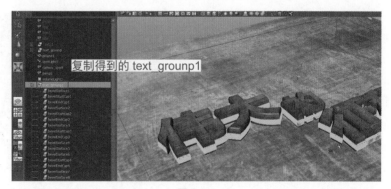

图 2-113

32 创建 Blinn3 材质球,按照如图 2-114 所示设置材质属性。

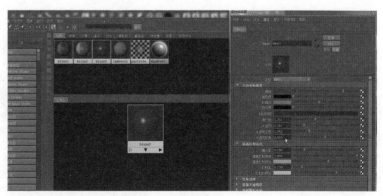

图 2-114

33 继续复制，得到 text_grounp2，并拖至如图 2-115 所示的位置。

图 2-115

34 渲染文字边缘的效果，如图 2-116 所示。

图 2-116

35 切换透视图和摄像机视图的位置，设置"摄像机"的关键帧动画。拖曳时间轴指示器到 0 帧的位置，按 S 键设置初始关键帧。将时间轴指示器拖至 100 帧的位置，沿 Z 轴轻微旋转摄像机，按 S 键设置末尾关键帧，如图 2-117 所示。

图 2-117

36 选择所有文字，设置其从上空坠落的关键帧动画，时间范围为 0 帧～16 帧，如图 2-118 所示。

图 2-118

37 所有设置完成后，打开"渲染设置"面板，在"公用"选项卡中设置文件渲染的属性，如图 2-119 所示。

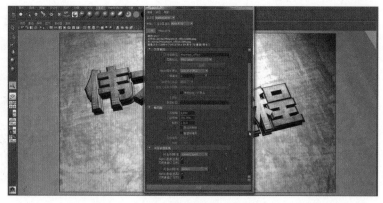

图 2-119

在 MAYA 软件中，设置"抗锯齿"为"最高质量"，"像素过滤器"类型为"高斯过滤器"，X 和 Y 宽度为 3×3，勾选"光线跟踪"复选框，"反射"为 1，"折射"为 1，"阴影"为 2，"偏移"为 0。设置完毕后，在渲染模块中，执行"渲染"→"批渲染"命令，最终渲染输出序列帧图片到指定的 MAYA 工程项目文件夹中。

2.3.2　后期合成辉光字

01 启动 After Effects，在刚才保存的文件夹中找到渲染输出的序列帧。将渲染输出的 Diffuse（颜色）层和 Occ（遮挡）层拖入时间轴，并调整混合模式为"正片叠底"，按住 Alt 键单击如图 2-120 所示的位置，改变颜色深度为 16bpc。

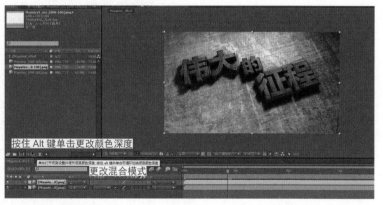

图 2-120

02 在时间轴的空白处右击，在弹出的快捷菜单中执行"新建"→"调节层"命令，如图 2-121 所示。

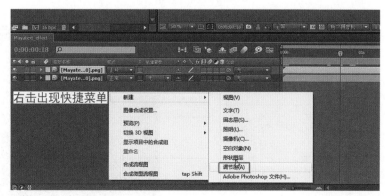

图 2-121

03 调节层是设置该图层以下所有层效果的"总开关"，在调节层中执行"椭圆遮罩工具"命令，在如图 2-122 所示的位置绘制出椭圆遮罩范围。

图 2-122

04 右击，在弹出的快捷菜单中执行"效果"→"色彩校正"→"曲线"命令，如图 2-123 所示。

图 2-123

05 将曲线调整为如图 2-124 所示的状态，展开"遮罩"属性，将时间轴指示器调整到 1s 以内的位置，并创建"遮罩形状"的初始关键帧。

图 2-124

06 将时间轴指示器拖至 4s 位置，选择"遮罩 1"，微微转动如图 2-1 所示的遮罩框，这样遮罩会跟随文字和摄像机转动，如图 2-125 所示。

图 2-125

07 再设置一个橙色固态层，设置属性如图 2-126 所示。

图 2-126

08 在橙色固态层中添加一个椭圆遮罩，展开其遮罩属性，按住 Alt 键单击遮罩"形状"前面的小码表图标，出现"表达式拾取工具"，按住左键拖曳表达式拾取中的"嵌入参考到目标"属性至"调节层"中的"遮罩形状"工具上，释放鼠标，如图 2-127 所示。

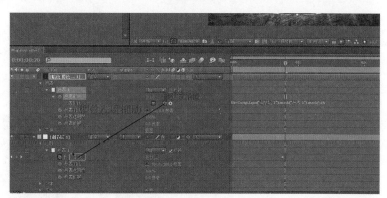

图 2-127

09 勾选橙色固态层中的遮罩"反转"复选框，播放视频，发现暗色部分跟随调节层中的遮罩一起运动。将"遮罩扩展"更改为 -37，完成设置，如图 2-128 所示。

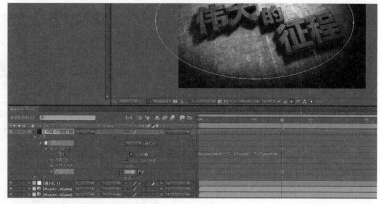

图 2-128

10 在时间轴空白处右击，在弹出的快捷菜单中执行"新建"→"照明"命令，添加一盏灯，如图 2-129 所示。

图 2-129

11 将灯光拖至文字的合适位置，如图 2-130 所示。

图 2-130

12 设置固态层为"光晕效果"，在光晕效果层上添加一个 Video Copilot → Optical Flares 特效，如图 2-131 所示。

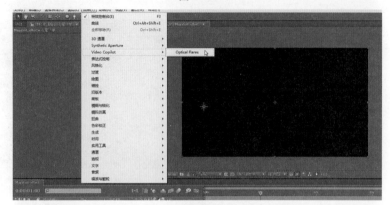

图 2-131

13 Optical Flares 是 一 款 经 典 的 After Effects 光晕特效插件，该版本支持 After Effectscs 5.5 和 After Effectscs 6，大家可以自行在 After Effects 插件官网上下载。图 2-132 为 Optical Flares 的界面。

图 2-132

14 在 Stack 选项下面可以将光晕的各个部分组合，叠加出不同的效果，如图 2-133 所示。

图 2-133

15 在右侧的 Editor 面板中可以调整具体的参数，控制光晕的形状、大小、强度等。完成设置后，单击右上角的 OK 按钮，如图 2-134 所示。

图 2-134

16 添加后的效果，如图 2-135 所示。

图 2-135

17 拖曳渲染的文字高光层进入操作区域，将混合模式改为"变亮"，添加"色相/饱和度"特效，勾选"彩色化"复选框，具体设置如图 2-136 所示。

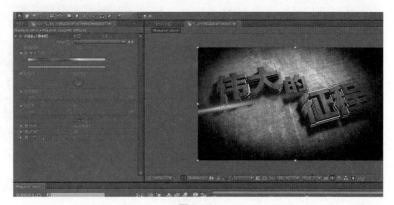

图 2-136

18 添加"快速模糊"特效，将"模糊量"改为 6，如图 2-137 所示。

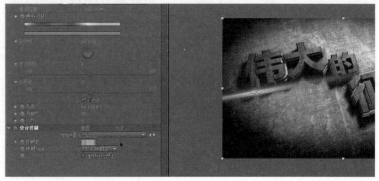

图 2-137

19 添加"浅色调"特效，将"着色数值"
改为 70%，最后添加 After Effects 辉光
特效——Real Glow，将"辉光半径"为
80，"辉光强度"为 0.5，"辉光模式"
为"屏幕"。将"色调"改为橘红色，"色
调模式"为"柔软"，如图 2-138 所示。

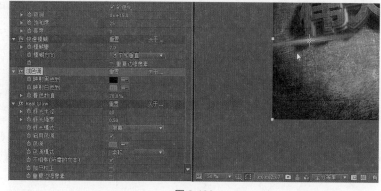

图 2-138

20 选中橙色固态层，添加"色阶"特效，
具体参数设置如图 2-139 所示。

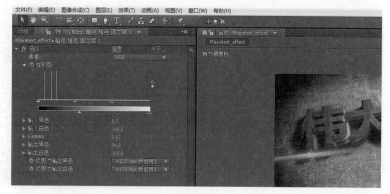

图 2-139

21 展 开 Optical Flares 属 性，创 建
Brightness（强度）和 Rotation Offset（旋
转偏移）的关键帧，使其与文字一起转动，
如图 2-140 所示。

图 2-140

22 再次新建一个红色固态层，并执行"矩
形遮罩工具"命令，在合成区域画出遮罩，
更改羽化值为 120,120，在如图 2-141 所
示的位置创建透明度的关键帧。

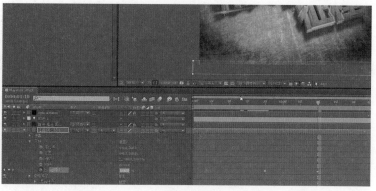

图 2-141

2.3.3 Particular 粒子插件运用

下面运用 Particular 插件制作镜头前的火苗燃烧效果。

01 新建 3D 粒子合成组，并创建固态层，命名为"粒子"。执行"效果"→ Trapcode → Particular 命令，这也是一款常用的 3D 粒子插件，如图 2-142 所示。

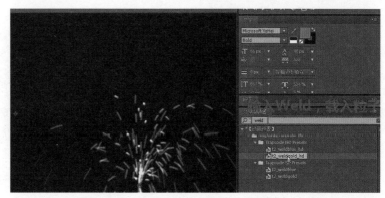

图 2-142

02 在右侧的"效果和预置"面板中输入 weld，载入粒子样式，双击 t2_weldgold_hd，将粒子载入，如图 2-143 所示。

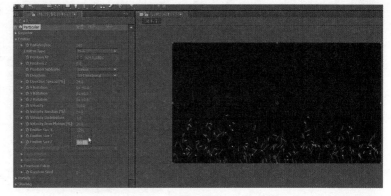

图 2-143

03 展开 Particular 属性，调节 Emitter Size X（发射器 X 轴宽度）为 1281，Emitter Size Y（发射器 Y 轴宽度）为 121，Emitter Size Z（发射器 Z 轴宽度）为 75。将粒子散开，并拖曳粒子发射器至监视区域下方，如图 2-144 所示。

图 2-144

04 将 Velocity（方向）改为 300，效果如图 2-145 所示。

图 2-145

05 展开 Air（风场）属性，将 Wind X 更改为 90，粒子出现被吹散的效果。将 Particular/sec（粒子数量）改为 60，如图 2-146 所示。

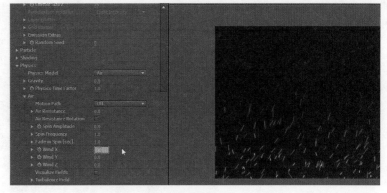

图 2-146

06 复制一个粒子图层，命名为"粒子 2"，将 Random Seed（随机种子）改为 540，如图 2-147 所示。

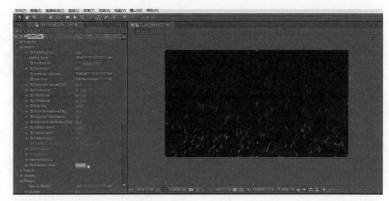

图 2-147

07 在 Rendering 属性下展开 Motion Blur（运动模糊），将 Motion Blur 改为 On，如图 2-148 所示。

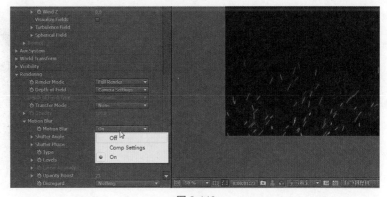

图 2-148

08 将 Size Random[%]（随机尺寸）和 Opacity Random[%]（随机透明度）均更改为 100。展开属性，设置 Size over life（宽度生命值）和 Opacity over life（透明度生命值）。这样，粒子在上升的过程中逐渐消失，如图 2-149 所示。

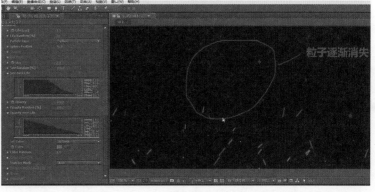

图 2-149

09 将 Velocity 更改为 250，复制出"图层 3"，重命名为"粒子 3"。在 Rendering 属性下展开 Motion Blur（运动模糊），将 Motion Blur 改为 On，如图 2-150 所示。

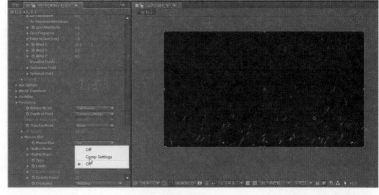

图 2-150

10 将 Size 改为 1，其他参数按照如图 2-151 所示设置。

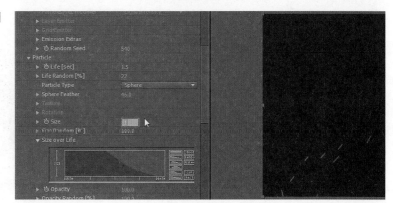

图 2-151

11 将 Random Seed 更改为 1600，完成后回到粒子层中，展开 Turbulence Field（扰乱场）属性，更改 Affect Position（后定位）为 72，让粒子有一个四处飞溅的效果，如图 2-152 所示。

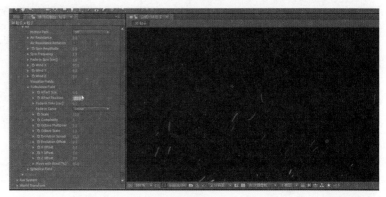

图 2-152

12 将 Particular/sec 更改为 35，火焰粒子的效果就制作完成了，如图 2-153 所示。

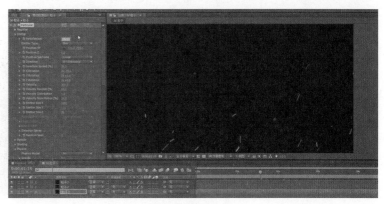

图 2-153

13 回到之前的合成组中，拖曳"3D 粒子"组进入如图 2-154 所示的层中。

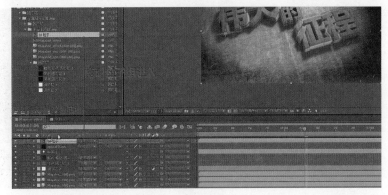

图 2-154

14 在 3D 粒子层中添加一个"色阶"特效，按照如图 2-155 所示调整具体参数。

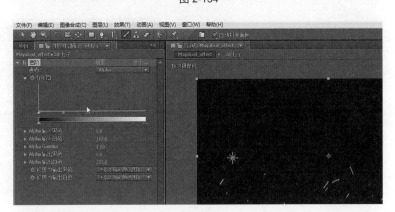

图 2-155

15 复制一个"3D 粒子"层，重命名为"3D 粒子 2"，更改"缩放值"和"透明度"参数，如图 2-156 所示。

图 2-156

16 为 Diffuse 层添加一个"锐化"特效，将"锐化量"设置为 35，如图 2-157 所示。

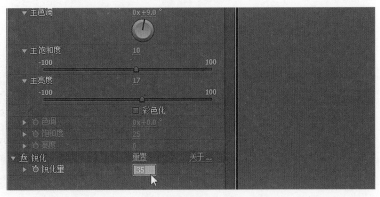

图 2-157

17 最后新建一个"噪波"合成组，添加"分形噪波"特效。展开属性，将"缩放"值改为200，按Alt键单击选中时间轴中"演变"属性的小码表图标，显示"表达式拾取器"，在文本框中输入表达式time*250，单击关闭拾取器，如图2-158所示。

图 2-158

18 回到之前的合成组，将"噪波"组拖至如图2-159所示的时间栏图层中，将混合模式更改为"叠加"。

图 2-159

19 按空格键播放整个制作的效果。如图2-160所示（最终的效果可参考本书附赠资源中的教学视频）。

图 2-160

2.4 流光酷炫片头制作

2.4.1 MAYA 渲染镜头

本节制作摄像机的运动效果，并进行渲染输出，在后期对其进行路径的追踪和光效的包装，从而得到很好的影视效果。

01 启动MAYA软件，调入一个制作好的摄像机模型，赋予模型简单的材质，如图2-161所示。

图 2-161

02 赋予镜头灯罩 Phong 材质，将 Color（颜色）调整为深灰色，Ambient Color（环境色）相应提高，Reflectivity（反射率）改为 0.1，如图 2-162 所示。

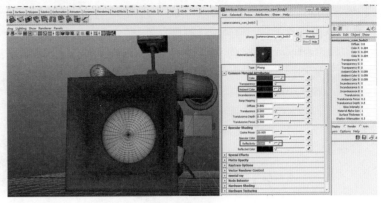

图 2-162

03 灯头也赋予 Phong 材质，Color（颜色）调整为浅灰色，Transparency（透明色）相应调高，Ambient Color（环境色）也略微调高，如图 2-163 所示。

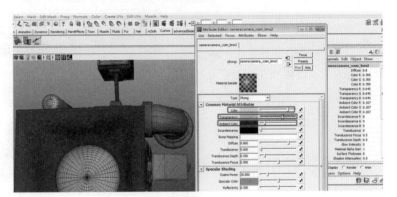

图 2-163

04 设置两盏灯光，一盏主光，Intensity（强度）为 2.4，另一盏为辅光，Intensity 为 0.8，如图 2-164 所示。

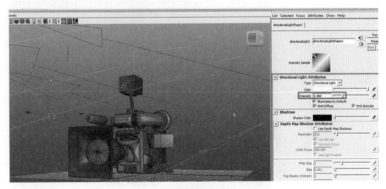

图 2-164

05 创建一台自由摄像机，按 T 键调整目标点到如图 2-165 所示的位置。

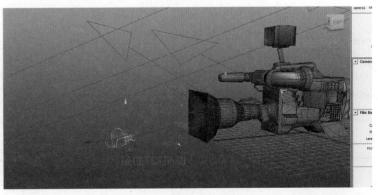

图 2-165

06 进入 View（视图）→ Camera Settings（摄像机设置）菜单，调整安全框模式，勾选 Resolution Gate（解决）和 Safe Action（安全操作）选项，如图2-166所示。

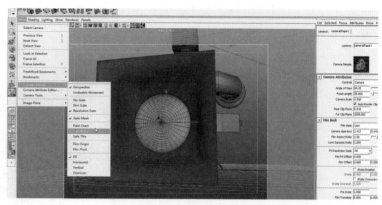

图 2-166

07 加载 mental ray 渲染器渲染视图，如图2-167所示。可以看到，阴影部分有黑色破边，整个光照效果不尽如人意。在这里要重点调整"渲染全局"面板中的参数。

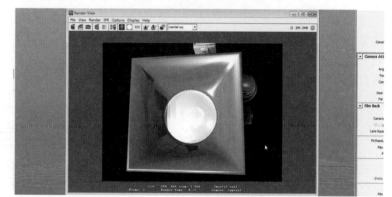

图 2-167

08 打开 Render Settings（渲染全局）面板，进入 Common（公用）→ Render Options（渲染选项）属性，不勾选"Enable Default Lights"（启用默认灯光）复选框，同时将两盏灯光的强度均改为0，如图2-168所示。

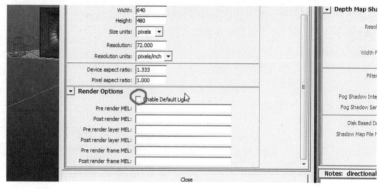

图 2-168

09 在全局面板中切换到 Lndirect Lighting （间接照明）属性，勾选 Final Gathering（最终聚焦）复选框，再次渲染，效果如图2-169所示。这里发现灯光偏暗，也没有什么细节，下面就来调节灯光的强弱和渲染的细节。

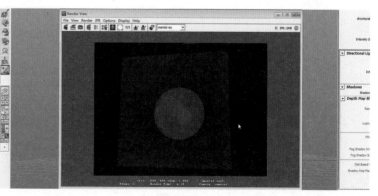

图 2-169

10 选中玻璃灯芯，打开属性，将Reflectivity（反射率）改为0.4，在Raytrace options下勾选Refractions（折射）复选框，将Refractive Index（折射指数）改为1.5，如图2-170所示。

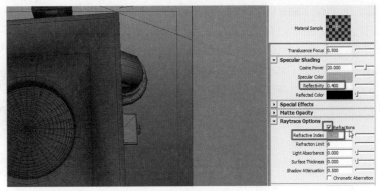

图 2-170

11 在 Final Gathering 下面打开 Primary Diffuse Scale（原散射尺度）的色盘，输入 V 值为1.5，如图2-171所示。

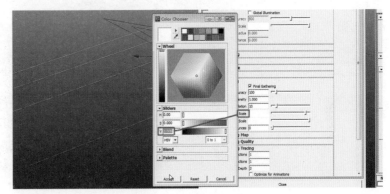

图 2-171

12 再一次渲染，效果如图2-172所示。整个场景亮起来了，黑色玻璃灯芯部分没有反射源对其进行光子的反弹，因此是黑的，下面继续制作反射的效果。

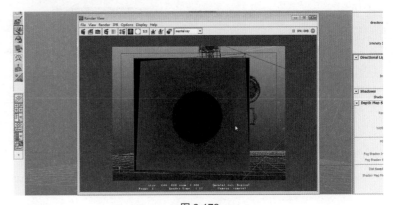

图 2-172

13 在 Indirect Lighting 选项卡中单击 Image Based Lighting（基于图像照明）的 Create（创建）按钮，创建一个环境球，如图2-173所示。

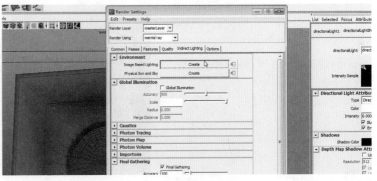

图 2-173

14 在 Image Name（图像名称）中导入环境贴图，如图 2-174 所示。

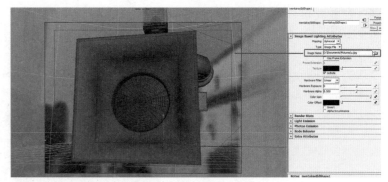

图 2-174

15 渲染效果，如图 2-175 所示。

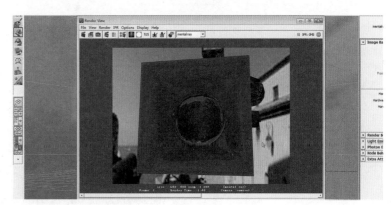

图 2-175

16 此时玻璃灯芯的反射效果不正确。降低 Reflectivity 为 0.2，同时在 Indirect lighting 下的 Raytracing（光线追踪）中更改 Refractions 值为 2，如图 2-176 所示。

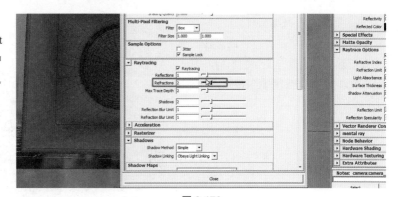

图 2-176

17 降低 Color 的纯度，将 Transparency（透明）更改为最大，同时，Diffuse（漫反射）也降低一些，如图 2-177 所示。

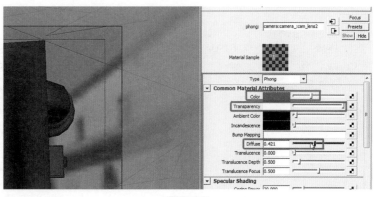

图 2-177

18 局部的渲染效果，如图 2-178 所示。

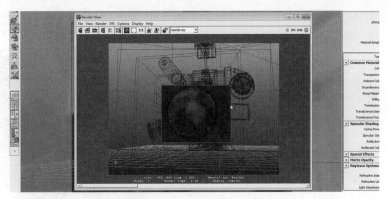

图 2-178

19 更改灯光参数，主光调整为 1.3，辅光调整为 0.8，如图 2-179 所示。

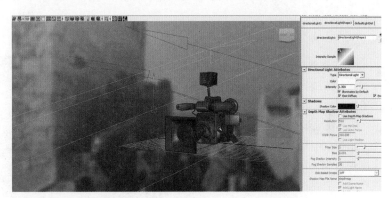

图 2-179

20 此时，环境背景贴图需要设置为渲染不显示，选中环境球，打开其属性，在 Render Stats（渲染状态）中不勾选 Primary Visibility（主要能见度）复选框，如图 2-180 所示。

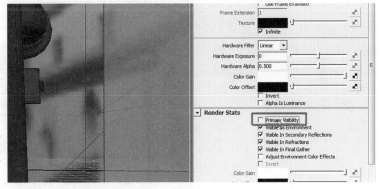

图 2-180

21 渲染效果，如图 2-181 所示。

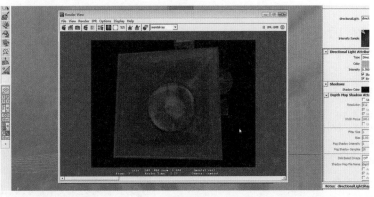

图 2-181

22 设置好镜头动画，在这里渲染了 48 帧，也就是 2s，渲染序列输出，如图 2-182 所示。

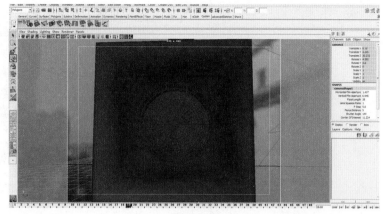

图 2-182

2.4.2 After Effects 插件 Saber 的运用

接下来就该在 After Effects 中制作效果了。首先要载入 Saber 插件，它专门用来制作光电的炫目效果。

01 在项目面板中导入刚刚渲染的序列帧 Camera.001 ～ Camera.045，新建一个黑色背景图层。在该图层上执行"效果"→ Video Copilot → Saber 命令。Saber 是一款光电描边插件，可以制作炫目的光电效果，如图 2-183 所示。

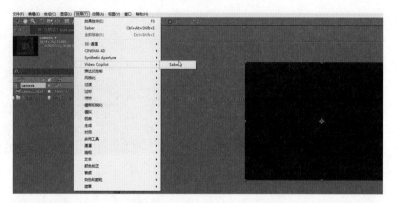

图 2-183

02 执行"钢笔蒙版工具"→"椭圆工具"命令。在如图 2-184 所示的光电中心位置绘制一个圆形。

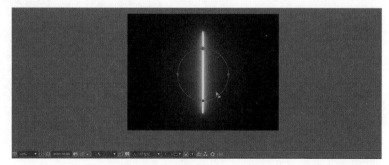

图 2-184

03 展开 Customize（自定义）属性，将 Core Type（类型）更改为 Layer Masks（图层遮罩），如图 2-185 所示。

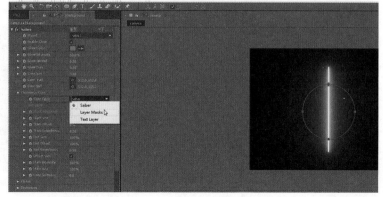

图 2-185

04 各项参数按照如图 2-186 所示设置。

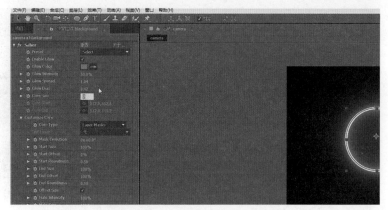

图 2-186

05 将 blackground 的混合模式更改为"相加"，展开"变换"属性，在 0s 的位置将光圈与玻璃灯芯缩放重合，并设置初始关键帧，如图 2-187 所示。

图 2-187

06 将时间轴指示器拖至最后一秒，"缩放"光圈至镜头匹配的方位并创建关键帧，如有偏差，可以适当调整"位置"参数，如图 2-188 所示。

图 2-188

07 这样光圈会跟随玻璃灯芯一起做轨迹运动。回到 0s 位置，设置 Start Offset（初始偏移）为 100%，如图 2-189 所示。

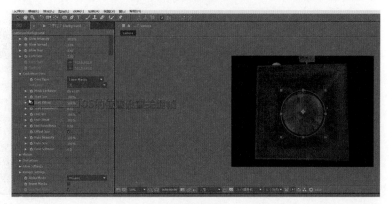

图 2-189

08 到 45s 位置，设置 Start Offset（初始偏移）为 0%，这样光圈就按顺时针方向转动起来了，如图 2-190 所示。

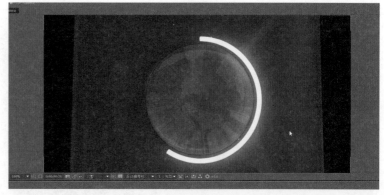

图 2-190

09 更改 Composite（复合材料）的方式为 Multiply（多样化），如图 2-191 所示。

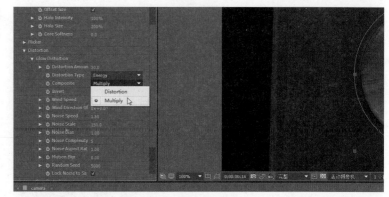

图 2-191

10 更改图层 blackground 的名称为 Saber001，执行"编辑"→"重复"命令，复制出一个相同的图层，名称为 Saber002。更改 Saber002 的 Mask Evolution（遮罩演化）为 0×180°，如图 2-192 所示。

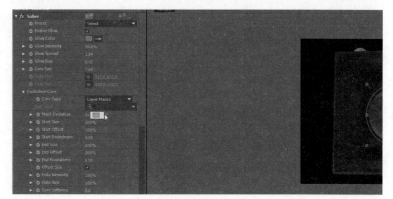

图 2-192

11 为 Saber002 从 0s 到 45s 设置同样的关键帧，并更改 Glow Color（辉光颜色）的颜色，如图 2-193 所示。

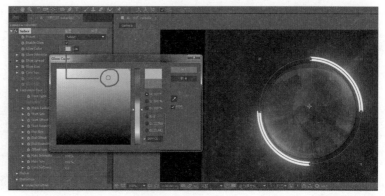

图 2-193

12 播放效果，如图 2-194 所示。

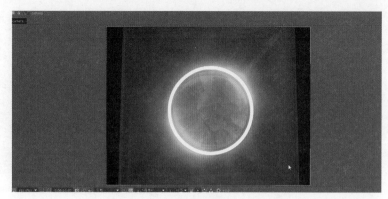

图 2-194

13 最后制作"出字"效果。执行"文字工具"命令，输入"热点追踪"文字，如图 2-195 所示。

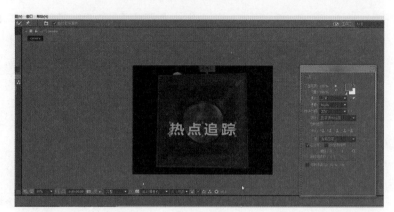

图 2-195

14 展开文字属性，选择"动画"→"位置"属性，并添加单个文字变换方式，如图 2-196 所示。

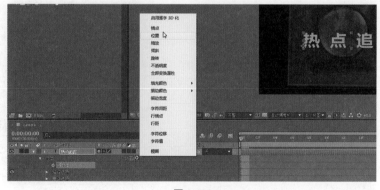

图 2-196

15 调整"锚点"属性，位置移动如图 2-197所示。

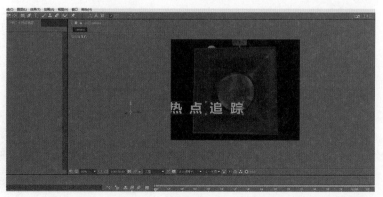

图 2-197

16 选中 3D 图层，将 3D 图层变换到如图 2-198 所示的位置，设置"方向"上的关键帧，参数改为 0.0°,65.0°,0.0°,设置"位置"的关键帧，参数改为 1342.7,908.0,0.0。

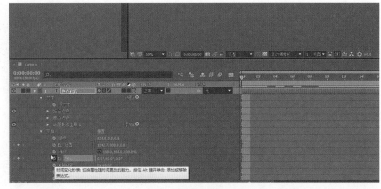

图 2-198

17 将"位置"参数更改为 542.7,560.0,0.0,"方向"参数更改为 0.0°,0.0°,0.0°,移动文字的位置到画面的中间，如图 2-199 所示。

图 2-199

18 此时可以调整文字路径，中间插入关键帧，让画面有一个平滑过渡的效果，如图 2-200 所示。

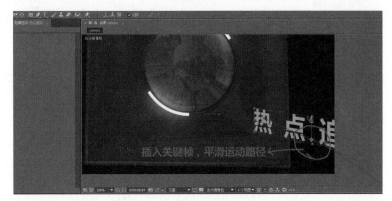

图 2-200

19 调整"范围选择器 1"，将"起始"更改为 28%，让每个文字均有变化，如图 2-201 所示。

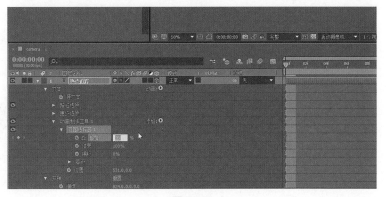

图 2-201

20 最后文字飞入的运动轨迹，如图 2-202 所示。

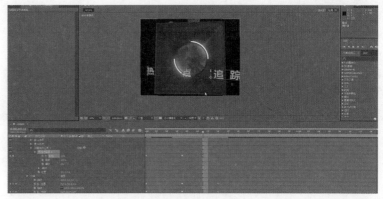

图 2-202

21 添加"发光"效果，并调整"发光阈值"与"发光半径"参数，效果如图 2-203 所示。

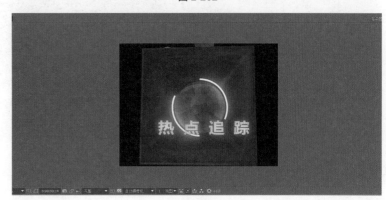

图 2-203

2.5　案例中难点技术回顾

本章对影视栏目包装和片头视觉效果的制作进行了较为细致、全面的讲解，并运用 MAYA 和 After Effects 的插件加强了画面给人的感官效果，这其中看似比较复杂、烦琐，实际整理脉络后就可以很快理清其技术思路。

1. 创建多个合成组，在合成组之间进行有效的叠加。合成组的理解是一个重点，也是一个难点。

2. 对文字的整体控制范围和逐个控制范围、文字出现的模糊变化及中心位置调整的理解，是 2.2 节的核心所在。

3. 在 3D 粒子插件——Trap code-Particular 的应用中，粒子属性参数众多，怎么样使用粒子的基本形态，调整出火苗的真实效果，是 2.3 节的核心所在。

4. 光电粒子插件——Sader 的运用，多层 Sader 叠加的效果可以让细节显示得淋漓尽致。

2.6　拓展与思考练习：施展火焰魔法

3.1 After Effects 中路径追踪的用法

3.1.1 Track motion 替换移动的场景

本节主要讲解怎么样利用 After Effects 中的追踪工具来反求摄像机镜头，从而根据反求出的摄像机路径数据来创建虚拟物体，最终达到与实拍场景完美融合的效果。首先，认识一下 After Effects 中的路径追踪工具。

01 在 Windows 菜单中勾选 Tracker 选项，这样，Tracker 面板就出现了，如图 3-1 所示。

图 3-1

在面板里有 4 种路径追踪工具，分别是：

- Track Camera（镜头轨迹）：对摄像机进行轨迹跟踪，从而反求出摄像机的路径。
- Warp Stabilizer（变形稳定器）：去除画面连续抖动的稳定工具。
- Track Motion（轨迹运动）：用来对移动画面的路径进行跟踪点的设置，从而使所要的画面覆盖之前的画面。
- Stabilize Motion（轨迹稳定）：用来追踪移动的画面，从而使所要的画面覆盖之前的画面，并对抖动的画面进行稳定，以得到更好的镜头效果。具体的用法来看下面的操作。

02 在 After Effects 的项目面板中打开一段名为 Track motion.avi 的视频素材，并将这段视频素材拖至"新建合成组"按钮上，创建新的项目背景层 Track motion，如图 3-2 所示。

图 3-2

第 3 章视频文件　　3.1 素材文件

3.2 素材文件　　3.3 素材文件

03 执行 Composition（合成）→ New composition（新的合成组）命令，将新的背景合成组命名为"文字定版"，尺寸设置与视频文件一致，时间为 0 ～ 7s，背景颜色为黑色，如图 3-3 所示。

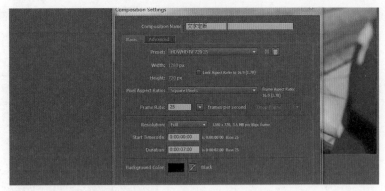

图 3-3

04 创建完毕之后，在"文字定版"层中调入准备好的素材文件 pad UI.jpeg，下来要做的是把图片素材信息很好地匹配到动态的绿屏视频上去。将素材在文字定版层的背景中的位置调整到如图 3-4 所示的位置。

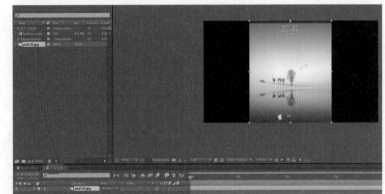

图 3-4

05 回到 Track motion 背景层中，把项目面板中已生成好的"文字定版"合成组拖入时间轴，并调整好大小和位置，如图 3-5 所示。

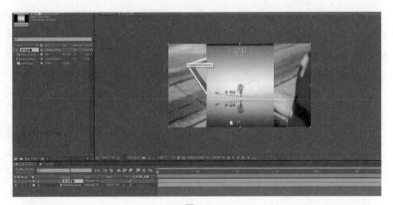

图 3-5

06 回到"文字定版"合成组中，因为这里的视频尺寸要保持一致，所以将 pad UI 调整为"满尺寸显示"，如图 3-6 所示。

图 3-6

07 在 Track motion 合成组中运用追踪工具，选择 Tracker 工具，在其面板中单击 Track Motion 按钮，设置 Current track（现在追踪）为 Tracker1，更改 Track type（追踪类型）为 Perspective corner pin（四点追踪），现在就会看到追踪的 4 个点出现在屏幕区域，如图 3-7 所示。

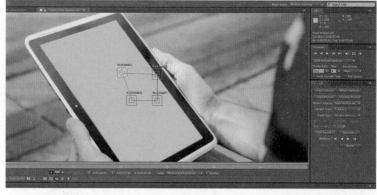

图 3-7

08 调整这 4 个方框点至视频绿屏处的 4 个顶点位置。注意：这里要拖曳的是方框中的空白区域，不是方框的 4 个顶点区域，如图 3-8 所示。

图 3-8

09 此时追踪点移到绿屏的 4 个顶点处还不够，还要将其捕捉路径的范围增大，以求更准确地捕捉路径信息。以鼠标中键滚动的方式放大视频监视区域的图像，调整外框（搜索区）和内框（特征区）的比例，如图 3-9 所示。

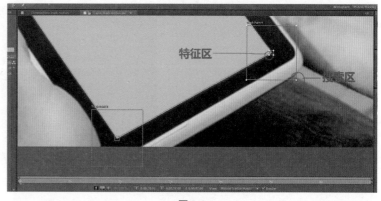

图 3-9

10 调整完成的效果，如图 3-10 所示。

图 3-10

11 单击 Tracker 面板中的播放按钮，追踪点开始自动运算并匹配路径，运算点将逐一记录下来，如图 3-11 所示。

图 3-11

12 运算完毕后，展开时间轴操作区域中的 Track point（追踪点）属性。所有运算点将以关键帧的方式记录下来，并且此时 Pad UI.jpeg 自动匹配到了视频中的绿色屏幕背景中，如图 3-12 所示。

图 3-12

13 在独立出来视频区域窗口中，按空格键播放视频，查看运算的效果，如图 3-13 所示。

图 3-13

14 现在最终的效果是出来了，但仍可以完成界面的交互效果。回到"文字定版"层中，调入图片素材 008.jpg 至顶层，并放置在监视区域的中间，如图 3-14 所示。

图 3-14

15 因为要将图片的尺寸与 Pad 屏幕匹配，所以要手动调整图片尺寸，如图 3-15 所示。

图 3-15

16 打开图片的 Transform（变换）属性，在时间轴的 0s 位置设置 Opacity（透明度）为 0，在 2s 位置设置参数为 100，拖曳时间轴指示器，查看显示的时间，如图 3-16 所示。

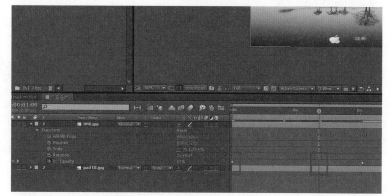

图 3-16

17 回到 Track motion 合成组中查看效果，如图 3-17 所示。

图 3-17

18 回到"文字定版"组，继续设置 Scale（缩放）值，在时间轴指示器指到 2s 的位置，设置如图 3-18 所示的参数。

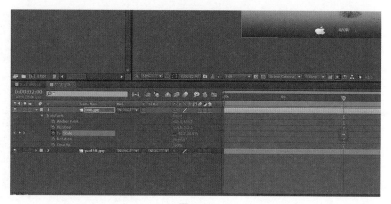

图 3-18

19 将时间轴指示器移回开始处，将 Transform 属性下的 Scale 改为 0，这时，将时间轴中的两个关键帧同时框选并拖曳，向右拖至 2 ～ 3s 之间的位置，如图 3-19 所示。

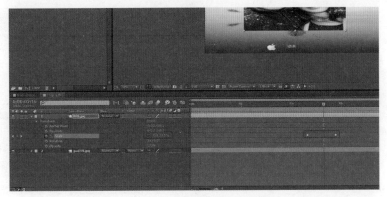

图 3-19

20 最终在 Composition:track motin 中播放视频，效果如图 3-20 所示（最终的效果可参考本书附赠资源中的教学视频）。

图 3-20

3.1.2　Stabilize motion 稳定摇晃的画面

在 After Effects 中，不仅可以轻松反求场景中的路径，而且还可以将抖动的运动画面稳定下来，这就是轨迹稳定。在讲解之前，先来看另一种快速稳定抖动视频的方法。

01 导入一段自己拍摄的视频素材，并将其创建为新的合成背景模式，如图 3-21 所示。

图 3-21

02 可以拖曳一下时间轴指示器，查看整个视频的抖动程度和视频的完整度，如图 3-22 所示。

图 3-22

03 现在选中视频，执行"效果"→ Distort（扭曲）→ Warp Stabilizer（变形稳定器）命令，如图 3-23 所示。它能够让手持拍摄的不稳定、连续的镜头，得到很好的稳定效果。

图 3-23

04 变形稳定器工具开始对背景进行分析，并得到运算结果，运算进度如图 3-24 所示。

图 3-24

05 完成运算后，可将 Smoothness（光滑程度）调整到 80%，并再次运算，如图 3-25 所示。

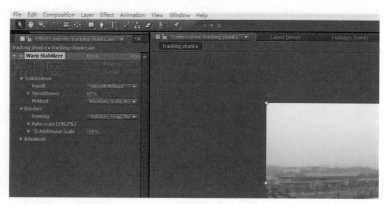

图 3-25

06 在时间轴中会形成新的层，在该层中再次预览画面，如图 3-26 所示。

图 3-26

07 拖曳时间轴指示器进行预览，整个视频得到了很好的效果，并且在比例缩放方面也得到了较好的控制，如图 3-27 所示。

图 3-27

　　下面进一步讲解稳定复杂抖动画面的方法，这里介绍 Stabilize motion（轨迹稳定）的使用方法。

01 在 After Effects 中导入一段名为 Car Tracking 的视频素材，其信息在项目面板的左上角显现，如图 3-28 所示。

图 3-28

02 创建新的背景合成组，并在菜单栏的窗口命令中选择"特效工具"，或者将工作区域切换到 Motion Tracking 模式，如图 3-29 所示。

图 3-29

03 在 Tracker 面 板 中 单 击 Stabilize Motion（轨迹稳定）按钮，其他参数设置如图 3-30 所示。

图 3-30

04 勾选 Position（平移）复选框，并将 Track piont1（追踪点 1）移动到车头灯的位置，并调整范围框，如图 3-31 所示。

图 3-31

05 单击"播放"按钮，追踪点开始对路径进行自动追踪，并匹配路径。完成后会发现出现了很多逐帧的追踪点，拉动时间轴指示器，可以观察到有的追踪点没有在准确的位置，会跳到追踪范围之外。此时可以逐一手动地把在"搜索框"外的追踪点拉回到搜索范围之内，如图 3-32 所示。

图 3-32

06 再次预览整个画面，追踪点不再胡乱跳动了，可以看见如图 3-33 所示的效果。

图 3-33

07 单击 Apply 按钮完成，弹出 Motion Tracker Apply Options（创建追踪路径的轴向）对话框，选择 X and Y 选项，单击"确定"按钮，如图 3-34 所示。

图 3-34

08 展开时间栏操作区域的 Car tracking 属性，可以观察到 Track Point 在时间轴的所有位置都记录了关键帧，镜头已经反转过来了，然而画面稳定性很差，有的地方已经抖出了安全框外，严重影响了视频的质量，如图 3-35 所示。

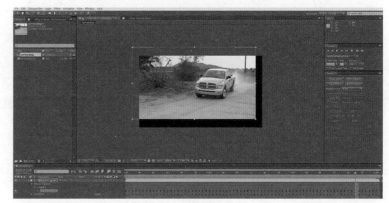

图 3-35

09 展开 Track point1 和 Transform 属性，位移方位的变化都显示在关键帧上，如图 3-36 所示。

图 3-36

10 下面调整镜头的抖动，使其画面彻底稳定下来。执行 Layer（图层）→ New（新建）→ Null object（空白物体）命令，在图层顶部创建了一个 Null1 层，如图 3-37 所示。

图 3-37

11 创建一台 Camera（摄像机），名称为 Camera1，焦距设为 50mm，如图 3-38 所示。

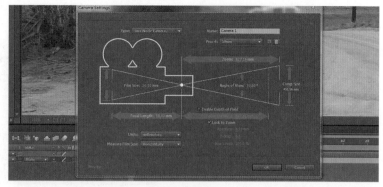

图 3-38

12 再次展开 Car tracking 属性，按 A 键，将其 Anchor point（定位点）显示出来。按快捷键 Ctrl+C 复制，最后展开 Null1 属性，按 A 键，按快捷键 Ctrl+V 粘贴。这样，镜头连续画面都捕捉到了 Null1 中，也就是说，Null1 把抖动的镜头固定住了，如图 3-39 所示。

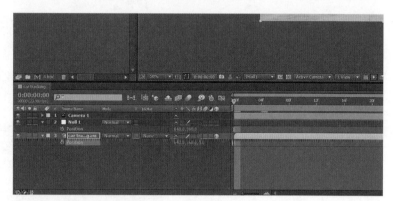

图 3-39

13 在时间轴上右击，将"子父关系"属性显示出来，如图 3-40 所示。

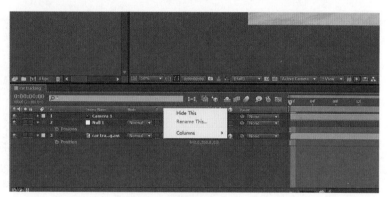

图 3-40

14 出现"子父关系"的图标后，将 Camera1 的线条单击拖曳到 Null1 上，这样连接上"子父关系"之后，Camera1 就跟着 Null1 运动了，如图 3-41 所示。

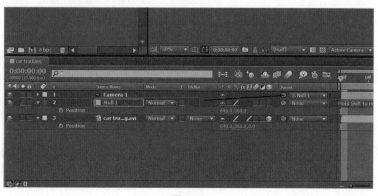

图 3-41

15 展 开 Null1 属 性， 显 示 Anchor point，拖曳时间轴指示器观察画面的效果，如图 3-42 所示。镜头还有些许的偏移，目标小红框在左上方晃动。

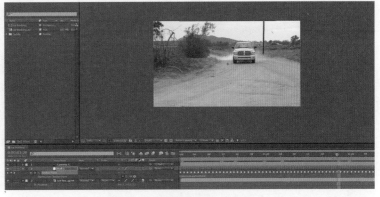

图 3-42

16 这里可以用输入表达式的方式解决晃动的问题。依照如图 3-43 所示，按住 Alt 键，单击"小码表"图标，出现表达式数值，将 Transform.anchorpoint 更改为 smooth（0.2,5），即每 0.2 秒消除 5 个样本。

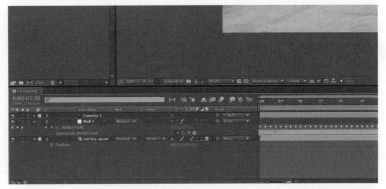

图 3-43

17 拖曳时间轴指示器，观察小红框的状态，发现仍然有一些偏移，当然这样的偏移已经消除很多了，最后可以运用适当放大监视区域影片大小的方式来彻底解决这样的问题，但前提是把时间轴指示器拖至 0s 的位置，如图 3-44 所示。

图 3-44

18 播放视频，如图 3-45 所示。镜头非常平稳，并且没有了任何抖动。

图 3-45

下面为汽车制作一盏车头灯，并使其能够跟随汽车运动。

01 选中 Car tracking 层，添加一个 Curves（曲线）特效，将曲线调整为如图 3-46 所示的状态，将画面变为夜晚的效果。

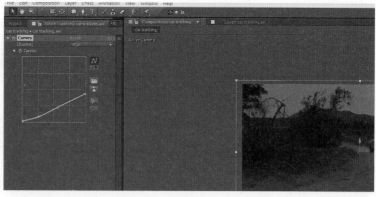

图 3-46

02 新建一个固态层，命名为 Lens flare，具体设置如图 3-47 所示。

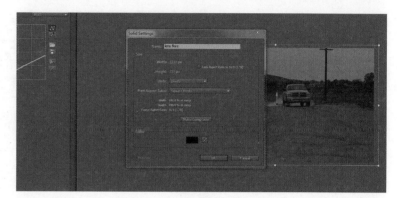

图 3-47

03 Lens flare 位于时间轴的顶部。选择该图层，执行 Effect（特效）→ Generate（创建）→ Lens flare（辉光）命令，将其类型改为 50-300mm zoom，如图 3-48 所示。

图 3-48

04 在时间轴的 Lens flare 层中更改混合模式为 Add（相加）。这样，相邻两层的叠加效果就显现出来了，如图 3-49 所示。

图 3-49

05 此时车灯的位置有误,将左上侧 Lens flare 的特效滤镜选中,然后移至车头灯的位置,并在时间轴中将该层后面的 3D layer 复选框选中,如图 3-50 所示。

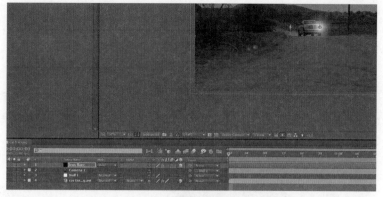

图 3-50

06 拖曳时间轴指示器查看效果,如图 3-51 所示。

图 3-51

07 展开 Lens flare 属性,为 Flare Brightness(灯光强度)创建从开始到结束越来越强的关键帧动画,其强度从 30% 到 70% 变化,如图 3-52 所示。

图 3-52

08 将合成窗口放大,并播放影片。不仅画面去掉了抖动问题,而且车灯效果逼真,如图 3-53 所示。

图 3-53

3.2 用 MAYA 与 After Effects 制作逼真的坦克效果

3.2.1 坦克的 Modeling 和 Texture Mapping

在三维软件中制作坦克模型（Modeling），首先可以搜寻一些老式坦克的图片资料，个人比较喜欢第二次世界大战时期的坦克。如图 3-54 所示展示的是一些第二次世界大战时期各国老式坦克的图片。

图 3-54

在本节中，会以一款德国在 20 世纪初研发的 PZKPFW-38T 轻型坦克为参考，进行模型的制作，如图 3-55 所示。

PZKPFW-38T轻型坦克（德）

图 3-55

01 启动 MAYA 软件,将模块切换到多边形状态,首先来制作坦克车身。执行"创建"→"多边形基本体"→"立方柱"命令,创建一个 Box。在立方体的上面执行"编辑网格"→"插入循环边"命令,可以双击插入的线条,任意调整其位置。打开线框的显示效果,如图 3-56 所示。

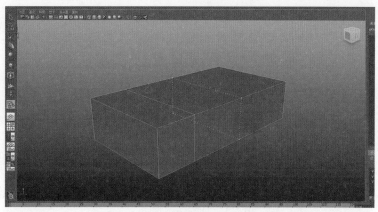

图 3-56

02 将视图切换到 Side 视图,在视图上右击,在弹出的快捷菜单中执行"顶点"命令,用点模式调整模型的外形,如图 3-57 所示。

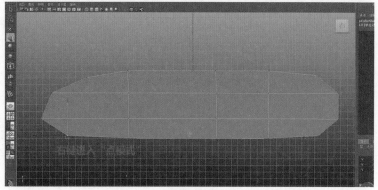

图 3-57

03 此时模型的线段不够,执行"插入循环边"命令,调整为如图 3-58 所示的形状。

图 3-58

04 选择如图 3-59 所示的面,执行"编辑网格"→"挤出"命令,拖曳控制柄向内挤压,另一侧也进行同样的操作。

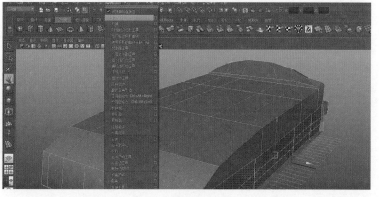

图 3-59

05 切换到顶视图中，执行"网格"→"创建多边形工具"命令，绘制如图3-60所示的多边形。

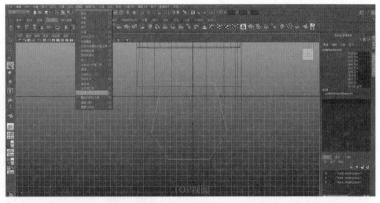

图 3-60

06 用"挤压工具"挤出之后，执行"编辑网格"→"交互式分割工具"命令，将属性盒中的"捕捉设置"→"磁性容差"更改为任意的0~5的数值，然后用工具在模型上切线，完成后按Enter键，如图3-61所示。

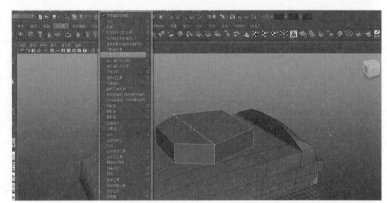

图 3-61

07 拉出如图3-62所示的形状，作为坦克的炮塔。

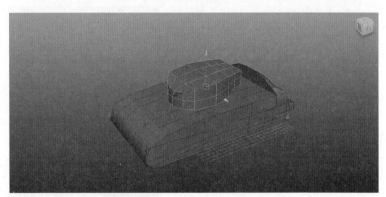

图 3-62

08 接着制作坦克的炮管，执行"编辑"→"多边形基本体"→"圆柱"命令，将圆柱属性中的"轴分段数"更改为8，最终用"循环边工具"加线，得到炮管的形状，如图3-63所示。

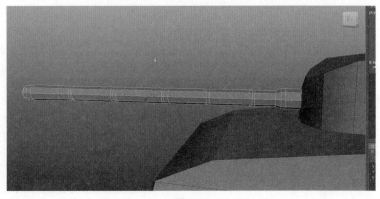

图 3-63

09 顶盖处按 3 键进行光滑代理后，制作顶部的座舱盖。执行"圆柱体"命令，加线后用点模式调整，插入到顶盖合适的位置。切换视图到 Front 视图，执行"创建多边形"命令，绘制出如图 3-64 所示的形状。

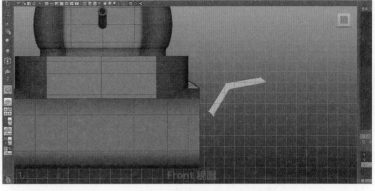

图 3-64

10 进入面模式，选中所有的面，执行"编辑网格"→"挤出"命令，挤出时可以分为若干段，如图 3-65 所示。

图 3-65

11 复制一个模型，调整并叠加在原模型之上，作为坦克的两翼护甲，如图 3-66 所示。

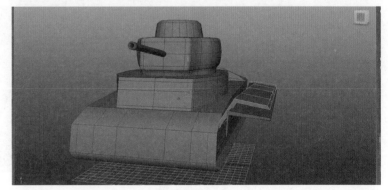

图 3-66

12 另外一侧可以复制过去，按 Insert 键，将中心轴移至坦克车身的中心位置，并对模型的坐标执行"修改"→"冻结变换"命令，然后复制。将复制出来的模型的"缩放 X"更改为 -1，如图 3-67 所示。

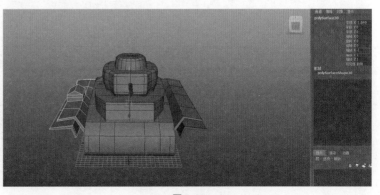

图 3-67

13 可以对照坦克的参考图片，对其细节进行修改。下面再来制作坦克后面的引擎盖，选择"立方柱"工具，然后执行"编辑网格"→"插入循环边"命令，在立方柱上布线。右击切换到"边模式"，拉动边将形状调整为如图 3-68 所示的状态。

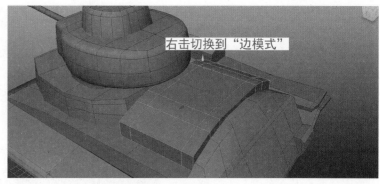

图 3-68

14 最终调整的形状如图 3-69 所示，这样引擎盖就完成了。

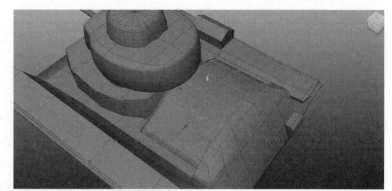

图 3-69

15 在坦克的车体上加入一些细节，例如机枪架、瞭望口、机枪口等，如图 3-70所示。

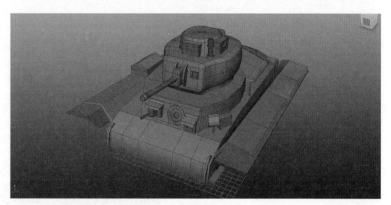

图 3-70

16 再来制作一些输油管。在 Top 视图，绘制出如图 3-71 所示的 EP 曲线。

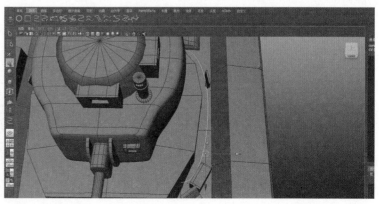

图 3-71

17 在空白区域创建一个圆形线圈，选择线圈，按 Shift 键加选曲线，执行"曲面"→"挤出"命令，打开"挤出选项"对话框，按照如图 3-72 所示设置属性，单击"应用"按钮，这样弯管就制作出来了。

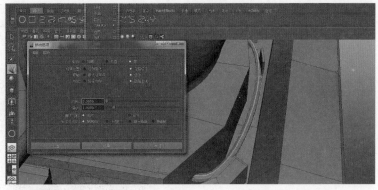

图 3-72

18 最终制作出如图 3-73 所示的细节。

图 3-73

19 另一侧的细节，复制过去就可以了。后面的排气管也可以用圆柱体来制作，如图 3-74 所示。

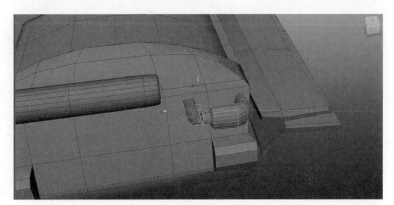

图 3-74

20 坦克车体前面的牵引钩可以用"创建多边形工具"制作，然后执行"编辑网格"→"挤出"命令，如图 3-75 所示。

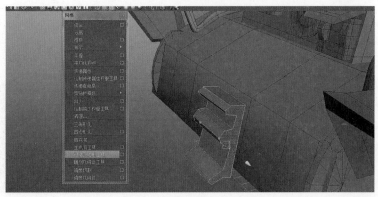

图 3-75

21 在"循环边工具"加线后，调整到如图 3-76 所示的状态，并用"填充洞"工具把漏洞补起来。

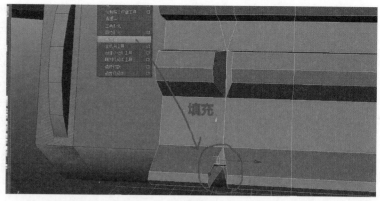

图 3-76

22 执行"编辑网格"→"交互式分割"命令，把缺少的线段连接起来，如图 3-77 所示。

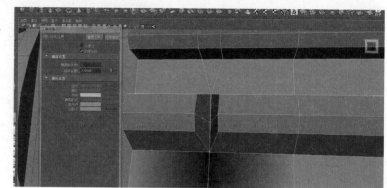

图 3-77

23 查看效果，如图 3-78 所示。

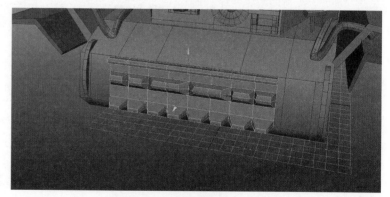

图 3-78

24 牵引钩也是这样制作的，如图 3-79 所示。

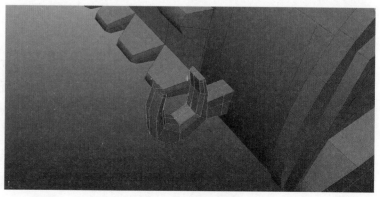

图 3-79

25 最后一部分的制作就是坦克的负重轮和履带了，这里的制作方法是比较重要的，因为后期还需要考虑动画的因素，所以要十分慎重地选择制作方法。执行"创建"→"圆柱体"命令，用"循环边"工具加线，并用"边模式"将布好的轮廓拉出来，如图 3-80 所示。

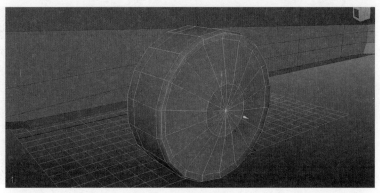

图 3-80

26 通过加线段的方式，把负重轮的轮盘挤出来，如图 3-81 所示。

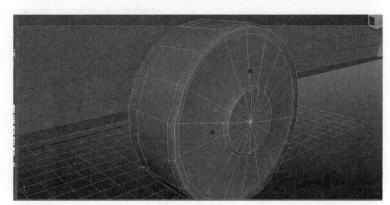

图 3-81

27 轮子转折的位置一定要注意用线收边，这样按 3 键光滑显示后就会有硬边的效果，如图 3-82 所示。

图 3-82

28 复制另外 3 个"后摆"放到合适的位置。再复制一个车轮，用"挤出"命令调整出小轮子的形状，缩小后的效果如图 3-83 所示。

图 3-83

29 剩下的就是履带了，首先用立方体和圆柱形制作一个履带的齿轮，如图3-84所示。

图 3-84

30 创建一个 NURBS 圆形，依次选择圆形和齿轮，执行"运动路径"→"连接到运动路径"命令，如图3-85所示。

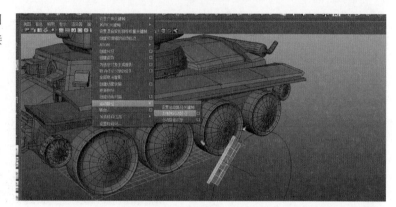

图 3-85

31 按快捷键 Ctrl+A 显示调整参数，在Motinpath1 下按照如图3-86所示调整参数。

图 3-86

32 齿轮的方向调整完成后选择齿轮，切换到"动画模板"，执行"动画"→"动画快照"命令，在"快照选项"对话框中，将"开始时间"与"结束时间"更改为1和100，"增量"更改为2，单击"应用"按钮。此时履带就出来了，如图3-87所示。

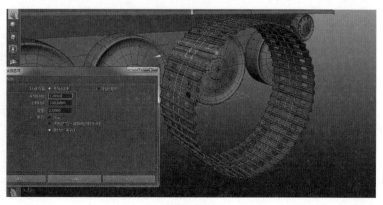

图 3-87

33 切换到 Side 视图，选择履带，执行"创建变形器"→"晶格"命令，如图 3-88 所示。

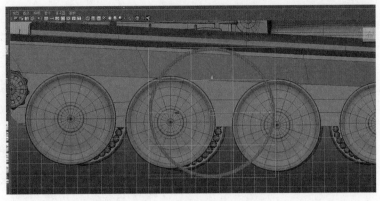

图 3-88

34 选择晶格，将通道栏中的 S、T、U 分别改为 4、2、4，然后选择晶格的晶格点，用缩放工具调整晶格的形状，这样履带就完全附在了车轮上，如图 3-89 所示。

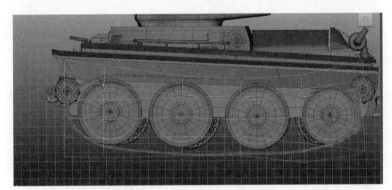

图 3-89

35 细节的部位可以通过旋转 Persp 视图观察，并进行必要的调整，如图 3-90 所示。

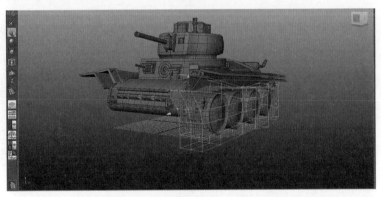

图 3-90

36 另一侧的负重轮和履带也是采用同样的方法制作出来的。在视图中的"着色"菜单中去掉"线框显示"，如图 3-91 所示。

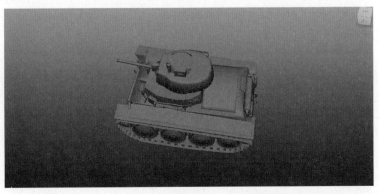

图 3-91

37 模型制作完毕后进行 UV 的拆分，由于当前模型的 UV 是混乱的，所以要通过映射的方式把 UV 逐一展平、排序。选择要展开的面，在"多边形"模块中，执行"创建 UV"→"平面映射"命令，平面映射的参数设置如图 3-92 所示。

图 3-92

38 坦克的车身全部展开后，按照如图 3-93 所示的方式显示在 UV 纹理编辑器中。执行"UV 快照"命令，可以导出 UV 快照。

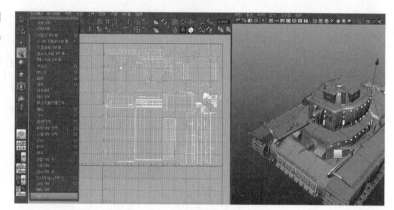

图 3-93

39 在"UV 快照"中设置文件名称、尺寸、颜色、格式，"UV 范围"设置为"法线（0 到 1）"，如图 3-94 所示。

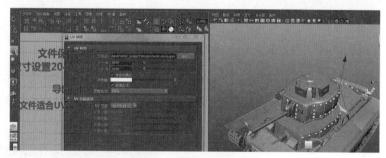

图 3-94

40 把坦克的配件与履带部分的 UV 拆分，如图 3-95 所示。

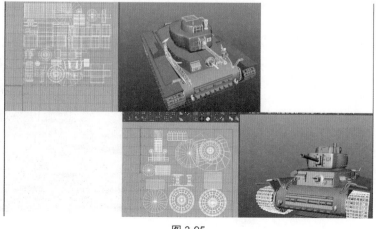

图 3-95

41 下面根据拆分的 UV 来绘制纹理贴图（Texture Mapping）。打开 Photoshop 软件，这里用图层叠加的方式先绘制车身的贴图，注意锈迹斑驳的区域可以用画笔工具的自定义笔刷绘制相应的效果，如图 3-96 所示。

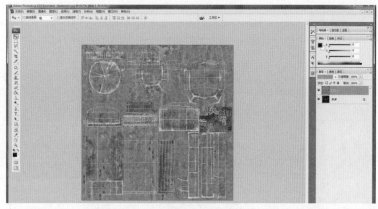

图 3-96

42 重新回到 MAYA 中，执行"窗口"→"渲染编辑器"→ Hypershade 命令，拖曳一个 Blin1 材质球到坦克车身。双击材质球，在属性中的"颜色"属性和"镜面反射"属性中贴上绘制好的纹理贴图，如图 3-97 所示。

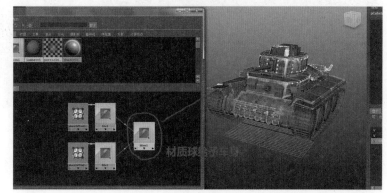

图 3-97

43 调整材质属性，将"环境色"降低，"漫反射"提高，"镜面反射着色"中的"偏心率"和"镜面反射衰减"也进行相应的调节，如图 3-98 所示。

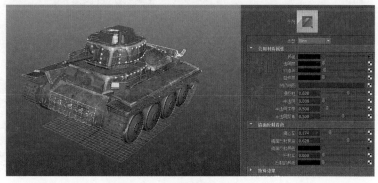

图 3-98

44 配件与履带部分的纹理贴图也是如此制作的，如图 3-99 所示。

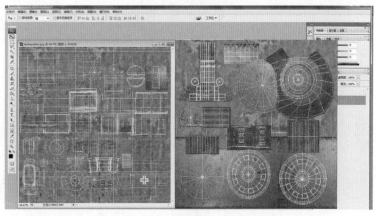

图 3-99

45 最终的效果，如图 3-100 所示。

图 3 100

3.2.2　坦克的 Rigging（蒙皮）和 Lighting（灯光）

01 在 MAYA 中导入制作好的线圈控制器，在"大纲"中，每个对应的控制器都要更改名称，例如，总控制器命名为 root_control，左、右两边控制器分为名为 leftcurl_control 和 rightcurl_control，如图 3-101 所示。

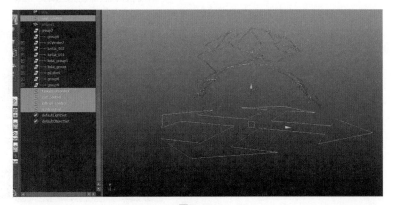

图 3-101

02 整体移动至坦克中心的位置，不好移动的控制器，在移动的过程中，按 Insert 键捕捉到中心点上即可，然后执行"修改"→"冻结变换"命令，使所有的坐标位置归零，如图 3-102 所示。

图 3-102

03 选中 tankerootcontrol 控制器，然后加选坦克的炮塔，执行"约束"→"父对象"命令，控制器即可控制炮塔的方向，如图 3-103 所示。

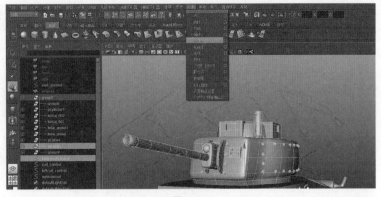

图 3-103

04 在右侧的通道栏中，选择除"旋转 Y 轴"以外的所有轴向，右击，在弹出的快捷菜单中执行"锁定选定项"命令，将其他选项都剔除出去，如图 3-104 所示。

图 3-104

05 选择炮塔，在通道栏中锁定所有选项，如图 3-105 所示。

图 3-105

06 选择 curl_control 控制器并加选车身，执行"父对象"约束命令，如图 3-106 所示。

图 3-106

07 剔除除了"平移 Y 轴"和"旋转 Z 轴"以外的所有轴向，右击在弹出的快捷菜单中执行"锁定并隐藏选定项"命令。在 curl_control 的属性编辑器中，展开限制信息一栏，设置"平移"和"旋转"的参数，如图 3-107 所示。

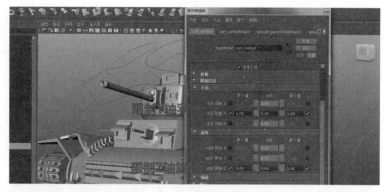

图 3-107

08 为 leftcurl_control 添加 Add 和 Rotate 属性，如图 3-108 所示。

图 3-108

09 剔除其他的坐标轴向，执行"窗口"→"常规编辑器"→"连接编辑器"命令，左侧载入 leftcurl_control 属性，右侧载入履带的属性（履带已经用晶格绑定），连接 Add 和 RotateX。此时，leftcurl_control 控制器就可以控制履带的转动了，如图 3-109 所示。

图 3-109

10 同样地，在"连接编辑器"中，用控制器的 Rotate 属性和每个负重轮的 RotateX 属性连接，这样就完成了控制器对车轮部分的驱动控制。另一侧车轮也进行相同的操作，如图 3-110 所示。

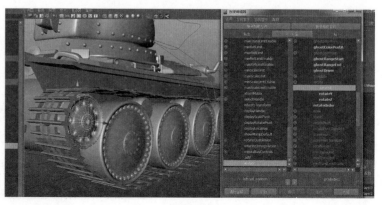

图 3-110

11 Rigging 制作完成之后，最后一步是将所有的组在大纲中确定正确的子父关系，这一步非常重要，因为涉及后面制作坦克动画时是否会出问题。在大纲中按住 Ctrl 键加选 tankerootcontrol、leftcurl_control 和 rightcurl_control，并拖入 curl_control 中，如图 3-111 所示。

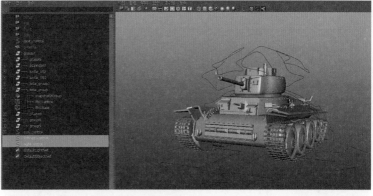

图 3-111

12 将 curl_control 拖入 root_control 中，如图 3-112 所示。

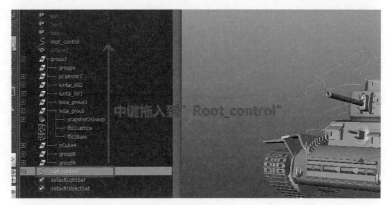

图 3-112

13 将坦克的所有部件结组，并命名为 grounp7，同样也拖入 root_control 中，完成绑定设置，如图 3-113 所示。

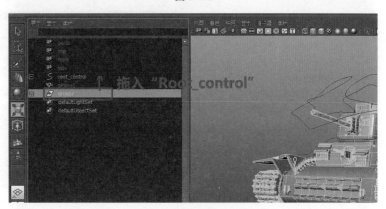

图 3-113

14 设置一盏平行灯作为主光源，按 T 键捕捉灯光的中心点至如图 3-114 所示的位置。

图 3-114

15 拖曳摇曳控制柄，复制其他两盏灯光，一盏作为辅助灯，一盏作为背光灯，得到三点光源的形式，如图 3-115 所示。

图 3-115

16 设置主光源的强度为 1.488，颜色偏暖色一些，勾选"光线追踪阴影"复选框，参数调整如图 3-116 所示。其他两个辅助光源强度分别为 0.4 和 0.6，背光灯的颜色偏冷色一些。

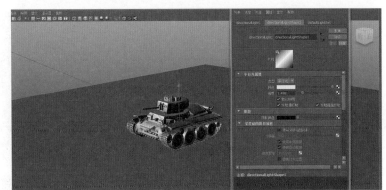

图 3-116

3.2.3 Boujou 的轨迹追踪

启动 Boujou 5.0，这是一款专门用于路径追踪的软件。本节主要讲解如何使用 Boujou 实现镜头的反求运算，将虚拟与现实结合生成真实效果的方法。如图 3-117 所示为 Boujou 的启动界面。

图 3-117

01 单击界面左上的 Import Sequence（导入序列）按钮，在弹出的 Import Sequence 对话框中，单击 File 右侧的 Browse 按钮，找到计算机中的影片序列帧，指定首张序列帧 Gif_000. jpg，如图 3-118 所示。

图 3-118

02 导入后，将 Frame rate 更改为 25，如图 3-119 所示。

图 3-119

03 单击 Track Feature（特色轨迹）按钮，在弹出的 Feature Tracking Properties 对话框中，单击 Advanced 按钮，将 Feature Scale（特征尺度）更改为 Large（大），并将 Sensitivity（灵敏度）调高一些，如图 3-120 所示。

图 3-120

04 单击"Start"，Boujou 开始运算，对周边的场景进行路径点的追踪，完成后，追踪点的方向都十分精确地反映在影片中，如图 3-121 所示。

图 3-121

05 单击 Camera Solve（摄像机解析）按钮，在弹出的 Advanced Camera Solve Properties 对话框中，勾选如图 3-122 所示的两个复选框，即"优化径向畸变参数"和"优化平滑相机路径"。

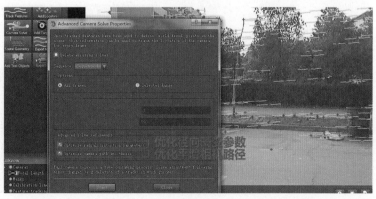

图 3-122

06 最终单击 Export Camera（导出镜头）按钮，在弹出的 Export Camera 对话框中，更改保存文件的路径，导出类型为 MAYA 4+（*.ma），移动类型为 Moving Camera,Static Scene，如图 3-123 所示。

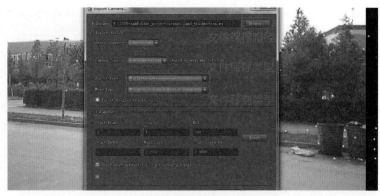

图 3-123

07 切换到 MAYA 中，直接打开刚刚保存的文件，旋转摄像机与坐标轴的角度一致。选择摄像机平面，出现属性编辑器 Camera_1_ImagePlane1，贴入序列帧图片，勾选"使用图像序列"复选框，如图 3-124 所示。

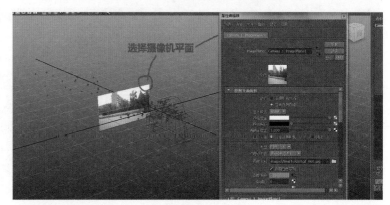

图 3-124

08 将大纲中的摄像机与坐标点结组，子父关系到 boujou_data 中，这样可以整体缩放 Track motion Camera，如图 3-125 所示。

图 3-125

09 在"显示"菜单中选择"全部隐藏"，只保留"NURBS 曲面""多边形""摄像机"等几个选项，如图 3-126 所示。

图 3-126

10 创建多边形曲面作为路面。切换两个视图并列窗口，设置为摄像机视图 Camera_1_1 和透视图，如图 3-127 所示。

图 3-127

11 在 Camera_1_1 视图中，模型几乎与路面完全匹配，如图 3-128 所示。

图 3-128

12 导入设置好的坦克模型，但是其动画还未制作。仍然保持两个视图模式，在透视图中为坦克的 root_control 在时间栏中添加关键帧，0 ～ 520 帧之间设置起始关键帧和结束关键帧，leftcurl_control 中的 Add 和 Rotatex 设置在 0 ～ 520 帧之间。起始关键帧和结束关键帧从 0°～ 720°变化（即车轮转动两周），末尾的时间帧上可设置多一些帧数，表现坦克缓慢停下来的效果。Camera_1_1 视图可观察坦克的运动轨迹和运动速度，如图 3-129 所示。

图 3-129

3.2.4　制作场景粒子特效

01 动画设置完成后，打开摄像机的属性面板，将"Alpha 增益"降低，在摄像机视图中透明化背景，如图 3-130 所示。

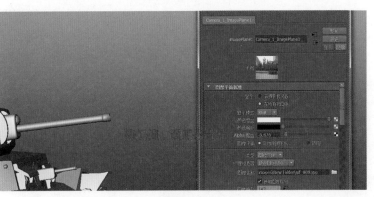

图 3-130

02 切换到动力学模块，执行"粒子"→"创建发射器"命令，按照如图 3-131 所示更改粒子的基本属性。

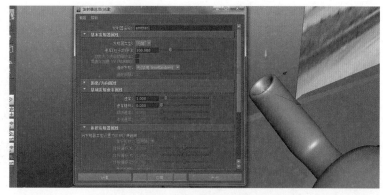

图 3-131

03 进入发射器属性面板，调整粒子的发射速率、方向、形态等，具体参数参考如图 3-132 所示的设置。

图 3-132

04 按照如图 3-133 所示的参数，调整粒子的保持、寿命、类型等属性。

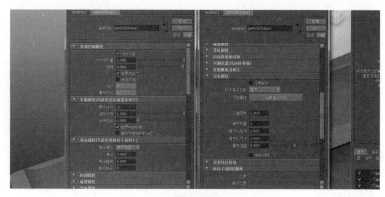

图 3-133

05 展开"每粒子（数组）属性"，在"不透明度 PP"文本框中右击，在弹出的快捷菜单中选择"创建渐变"命令，并在"创建渐变"上右击，在弹出的快捷菜单中选择"编辑渐变"命令，如图 3-134 所示。

图 3-134

06 此时属性面板会自动弹出如图 3-135 所示的对话框，将"类型"为"V 向渐变"，"插值"为"线性"。

图 3-135

07 单击 Ramp，指示右侧的对象转到输出连接，回到每粒子属性面板，添加动态属性"常规"。进入粒子面板，添加 spriteScaleXPP（精灵比例 X 方向 PP）、spriteScaleYPP（精灵比例 Y 方向 PP）、spriteTwistPP（精灵扭曲 PP）3 个属性，单击"确定"按钮，如图 3-136 所示。

图 3-136

08 在 spriteScaleXPP 选项上右击，创建表达式。进入表达式编辑器，在"表达式"文本框中输入：
particleShape1.spriteScaleXPP=particle-0shape1.spriteScaleYPP=rand(0.2,0.7);
如图 3-137 所示。

图 3-137

09 在 spriteTwistPP 选项上右击，创建表达式，在"表达式"文本框中继续输入
particleshape1.spriteTwistPP=rand(0,360);
如图 3-138 所示。

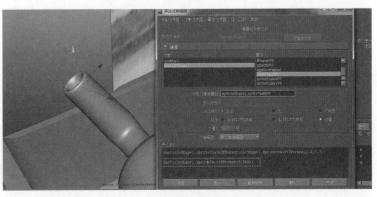

图 3-138

10 再添加一个radiusPP（精灵半径PP），输入表达式
particleshape1.radiusPP=rand(0.02,0.1);
如图3-139所示。

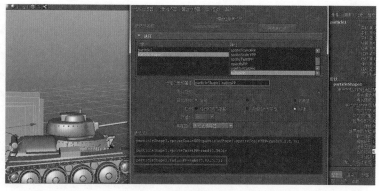

图 3-139

11 执行"窗口"→"渲染编辑器"→Hypershade命令。在窗口下添加一个Lambert3材质，选取一个带有黑白通道的烟雾序列文件，分别贴在Lambert3的"颜色"和"透明度"属性中，如图3-140所示。

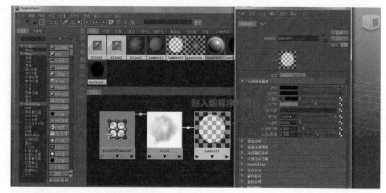

图 3-140

12 粒子采用逐帧播放，播放视图查看即时效果，如图3-141所示。

图 3-141

13 下面制作建筑物上面的浓烟，创建一个多边形平面，放置于与建筑物重合的位置，在平面上创建"从对象发射"粒子，该粒子的基本属性，如图3-142所示。

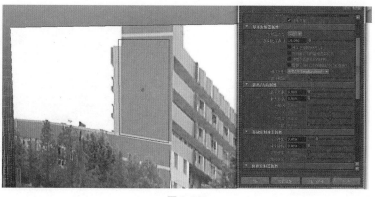

图 3-142

14 在"表达式编辑器"对话框中创建表达式，如图 3-143 所示。具体如下：
particleshape2.spriteTwistPP=rand(0,360);
particleshape2.spriteScaleXPP =particleshape2.
spriteScaleYPP=rand(0.1,0.5);
particleshape2.radiusPP=rand(0.01,0.1);
最后创建"每粒子不透明度"，用"渐变编辑"改变烟雾的不透明度及颜色。

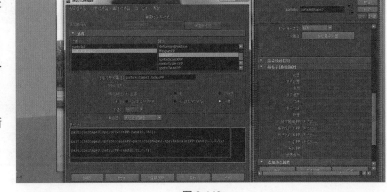

图 3-143

15 接下来制作一个油漆桶的桶口，并贴上材质，在摄像机视图中放置于与实拍油桶匹配的位置，如图 3-144 所示。

图 3-144

16 将设置好的灯光也导入进来，下面进行"分层渲染"设置。单击"创建新层并指定选定对象"按钮，双击文字可以修改名称，如图 3-145 所示。

图 3-145

17 右击新建的选定对象，进入属性面板，在预设中输入"漫反射"，如图 3-146 所示。

图 3-146

18 依次添加 Occ（遮挡）、Noraml（法线）、Shadow（阴影），赋予地面一个 useBackground2 材质，使其在渲染时不显示，如图 3-147 所示。

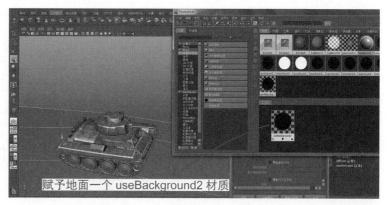

赋予地面一个 useBackground2 材质

图 3-147

19 另外设置 LD（亮度深度）、Specular（高光）等渲染层，如图 3-148 所示。

图 3-148

20 添加渲染烟雾序列的漫反射层，如图 3-149 所示。

图 3-149

21 具体的渲染属性设置如图 3-150 所示，这样每一层即可分开进行渲染了，方便后期的合成操作。

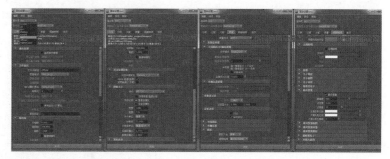

图 3-150

22 执行"文件"→"项目窗口"命令，新建项目文件夹 1105tankfolder_project，将渲染文件放入 Images 文件夹中。下面开始对渲染层中的对象进行分层渲染，在渲染模块中执行"渲染"→"批渲染"命令，最终渲染输出的序列文件在 Images 文件夹中将自动整理好，如图 3-151 所示。

图 3-151

3.2.5 后期合成处理

01 启动 After Effects 软件，在项目库中依次导入序列文件。此时必须勾选对话框左下角的"JPEG 序列"复选框，执行"第一张序列帧"命令，这样，序列文件就导入进来了。将渲染完成的坦克序列帧文件导入 After Effects 后，依次拖至时间轴中，如图 3-152 所示。

图 3-152

02 按顺序叠入 Occ、Diffuse、Newfolder 图层，Occ 图层的混合模式改为 Darken（变暗），如图 3-153 所示。

图 3-153

03 拖入 Shadow 图层，更改混合模式为 Multiply（正片叠底），如图 3-154 所示。

图 3-154

04 拖入 Noraml 图层，更改混合模式为 Darken（变暗），如图 3-155 所示。

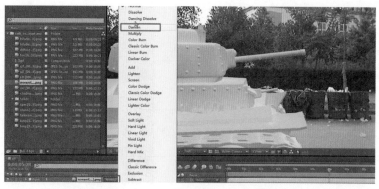

图 3-155

05 拖入 LD 图层，更改混合模式为 Multiply（正片叠底），如图 3-156 所示。

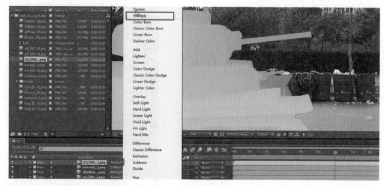

图 3-156

06 最后拖入 specuar 图层，更改混合模式为 Add（添加），如图 3-157 所示。

图 3-157

07 继续拖入 Biluding 和 Biludingsmoke 图层，制作浓烟的效果，如图 3-158 所示。

图 3-158

08 选 择 Biluding smoke 图 层，执 行 Effect → Color Correction（色彩校正）→ Curves（曲线）命令，调整曲线的形态如图 3-159 所示。

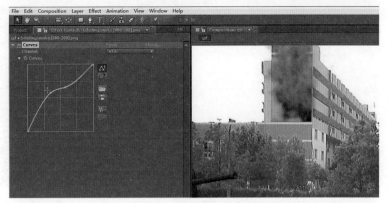

图 3-159

09 导入 Tong 图层，并拖至背景图层的上一层，如图 3-160 所示。

图 3-160

10 执行"曲线"命令，调整曲线的形态如图 3-161 所示。

图 3-161

11 将 Channel 由 RGB 更改为 Green，调整曲线的形态如图 3-1 所示，如图 3-162 所示。

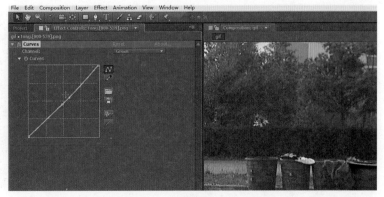

图 3-162

12 导入 Smoke 图层，执行"曲线"命令，如图 3-163 所示。并将该层的 Opacity（透明度）更改为 60%。

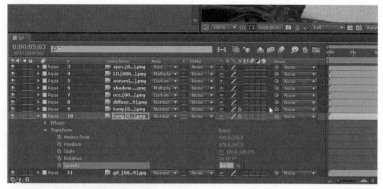

图 3-163

13 导入 Fire 图层，并拖至 Smoke 图层的上方，调整曲线的形态如图 3-164 所示。

图 3-164

14 尾部的浓烟也是如此，拖至图层顶部，如图 3-165 所示。

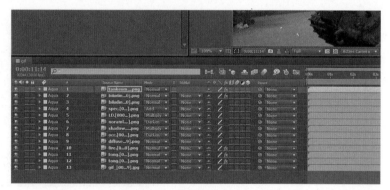

图 3-165

15 将制作好的坦克后飞扬的小石子效果也导入该层，并进行"曲线"调整，如图 3-166 所示。

图 3-166

16 新建一个 Adjustment Layer（调节层），作为总控制图层，如图 3-167 所示。

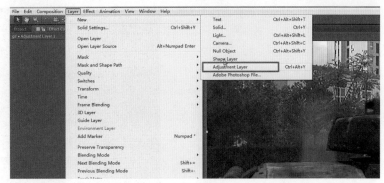

图 3-167

17 选中该层，执行"曲线"命令。调整好 RGB 曲线后，将 Channel（通道）更改为 Green，如图 3-168 所示。

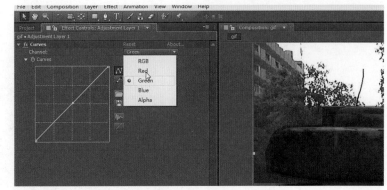

图 3-168

18 调整 Green 曲线后，执行 Effect（特效）→ Color Correction（色彩校正）→ Tint（浅色调）命令，将色彩更改为灰色调，Amount to Tint（着色）更改为 40%。如图 3-169 所示。

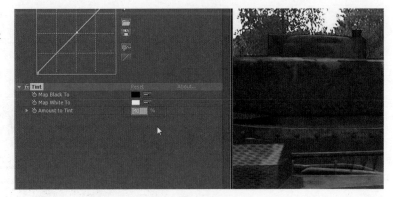

图 3-169

19 再执行一次"曲线"命令，调整曲线为如图 3-170 所示的状态。

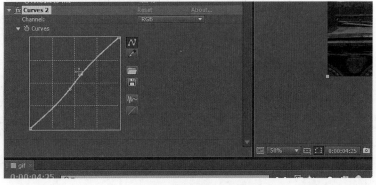

图 3-170

20 将通道更改为 Blue，调整曲线为如图 3-171 所示的状态。

图 3-171

21 执行 Noise（躁波）命令，将 Amount of Noise（杂波）改为 13%，如图 3-172 所示。

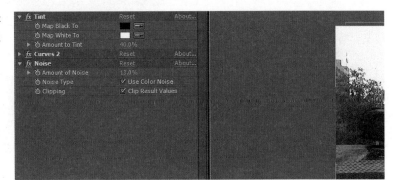

图 3-172

22 渲染输出视频查看最终效果，如图 3-173 所示（最终效果可参考本书附赠资源中的教学视频）。

（本作品荣获第 10 届全国 3D 设计大赛精英联赛数字媒体组二等奖、第 5 届全国高校数字艺术作品大赛教师组三等奖）

图 3-173

3.3　After Effects 与 MAYA 结合制作地坑特效

3.3.1　Boujou 高级追踪定位

01 首先在 Boujou 软件中，将影片的序列帧（可以先用 After Effects 或 Dfusion 等后期软件把影片制作成序列帧）导入，如图 3-174 所示。

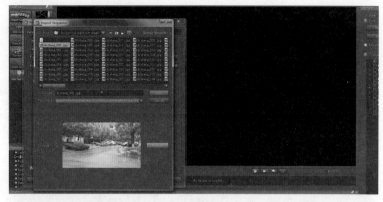

图 3-174

02 导入后会出现序列帧的基本信息面板，在这里将 Frame rate（帧率）调整为 25 帧 / 秒，如图 3-175 所示。

图 3-175

03 单击 OK 按钮，整个影片即可导入。可以拖曳时间轴指示器观察影片的播放是否流畅，如图 3-176 所示。

图 3-176

04 单击 Add Poly Masks（创建多边遮罩）按钮，将时间轴指示器拖至靠前的位置。在汽车驶入镜头时沿着其外形绘制多边形遮罩，绘制时需要将整个车身覆盖，如图 3-177 所示。

图 3-177

05 再将时间轴指示器往前拖曳一段距离，汽车驶入镜头中央位置，调整遮罩的节点，重新将遮罩控制的区域遮住，如图 3-178 所示。

图 3-178

06 采用同样的方法，继续将时间轴指示器往前拖曳一段距离，并继续调整遮罩，如图 3-179 所示。

图 3-179

07 汽车快驶出镜头的画面，也会有些问题，同样需要对其进行调整，如图 3-180 所示。

图 3-180

08 执行 Track Features（特色轨迹）命令，开始对场景进行运算，得到路径点的追踪结果，如图 3-181 所示。

图 3-181

09 运算完成后，拖曳时间轴指示器，追踪点的轨迹会很清楚地显示出来，如图 3-182 所示。

图 3-182

10 单击 Camera Solve（摄像机解析）按钮，弹出如图 3-183 所示的对话框，单击 Start 按钮。

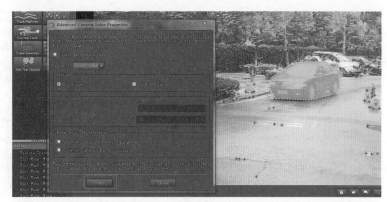

图 3-183

11 这样，摄像机会根据运算的结果，将一些重要的区域转换为带有空间坐标形式的解析点，如图 3-184 所示。

图 3-184

12 单击"3D 坐标视图"按钮，可以观察到三维空间中软件反求出的摄像机视角坐标点，如图 3-185 所示。

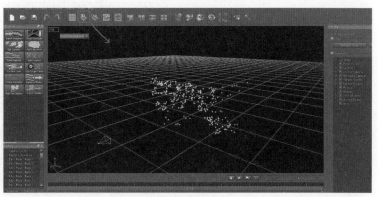

图 3-185

13 使用旋转工具调整摄像机的坐标位置，将其与网格坐标保持一致。此时可以进入三维空间旋转角度，查看调整的结果，如图 3-186 所示。

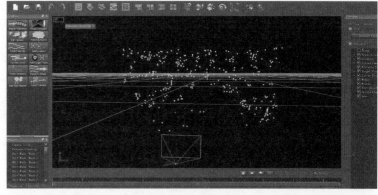

图 3-186

14 回到 2D 视图，在菜单栏中执行 3D Tasks（3D 任务）→ Add/Edit Scene Geometry（创建几何场景）命令，弹出的 Scene Geometry 对话框如图 3-187 所示。

图 3-187

15 在视频显示区域中找到 X 轴的两个空间平行点，并在 Scene geometry（几何场景）对话框中单击 Add Coord Frm Hint（添加提示 frm 坐标）按钮，将 Type（类型）改为 x-axis，最后单击 Update Coord Frame（更新坐标框架）按钮，生成坐标方位，如图 3-188 所示。

图 3-188

16 进入 3D 视图，空间上的点与网格的点是平行的，轴向为 X 轴，如图 3-189 所示。

图 3-189

17 后面用同样的方式找到 Y 轴和 Z 轴方向上的空间坐标点，如图 3-190 和图 3-191 所示。

图 3-190

图 3-191

18 再次回到 2D 视图，选择当前较近的一些坐标点并右击，在弹出的快捷菜单中选择 Flag for export（导出标记）命令，如图 3-192 所示。

图 3-192

19 最后要导出摄像机反求出的虚拟数据点。单击 Export Camera（导出摄像机）按钮，设置导出的路径、文件类型、移动类型，并勾选 Export flagged tracks only（仅导出当前轨迹点）复选框，将 Scale Scene by（缩放尺寸）更改为 80，这样，虚拟数据点输出后就是正常大小了，如图 3-193 所示。

图 3-193

3.3.2 After Effects 与 Boujou
匹配路径

01 在 After Effects 中导入保存好的镜头数据点文件，例如，3D_crater.ma 文件，那么，刚才创建的虚拟数据点就导入 After Effects 了，如图 3-194 所示。

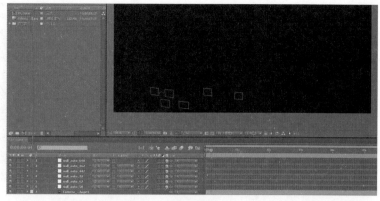

图 3-194

02 导入影片的序列帧后播放视频，观察路径与虚拟点是否匹配，如图 3-195 所示。

图 3-195

03 如果虚拟数据点没有大的偏差，那么追踪的虚拟物就匹配了实际的场景。打开 MAYA 软件，将 3D_crater.ma 文件打开，可以在大纲中选中 boujou_data，在透视图中调整摄像机与场景的距离，如图 3-196 所示。

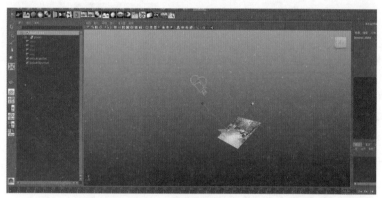

图 3-196

04 参照网格坐标，旋转 boujou_data 组，使其与网格平行，如图 3-197 所示。

图 3-197

05 切换到不同的视图，并调整摄像机的方位，使其完全匹配网格坐标，如图3-198所示。

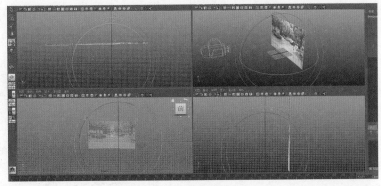

图 3-198

3.3.3　用 MAYA 制作地坑场景

01 调整完毕后，在 Top 视图中导入地坑的图片，至于与网格平行的位置，如图3-199 所示。

图 3-199

02 创建立方体，并调整为地面形状，再用"创建多边形"工具沿着图片内容绘制地坑的外形，并调整点的位置，使其与图片近似，如图 3-200 所示。

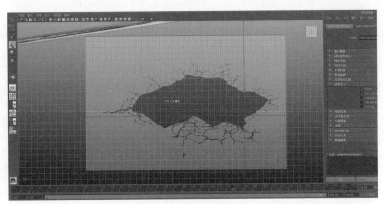

图 3-200

03 用"挤出"工具挤出地坑的厚度，如图 3-201 所示。

图 3-201

04 将"地面"和"地坑"互相插入，依次选择"地面"和"多边形地坑"，执行"布尔"→"差集"命令，露出的地洞就制作出来了，如图 3-202 所示。

图 3-202

05 另外创建一个 NURBS 曲面，执行"编辑 NURBS"→"雕刻几何体工具"命令，在地面上雕刻出地坑凹进去的部分。在塑造凹面时要注意沿着参考贴图的边缘进行，如图 3-203 所示。

图 3-203

06 执行"修改"→"转化"→"NURBS 到多边形"命令，打开属性盒，将类型更改为"四边形"，"细分方法"更改为"常规"，"U 类型"和"V 类型"更改为"每个跨度的等参线数"，然后单击"应用"按钮。此时，NURBS 对象就转化为多边形了，如图 3-204 所示。

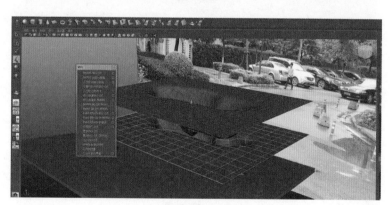

图 3-204

07 把制作出来的凹面嵌入"地坑"，并调整它的点，使其变得凹凸不平，有些坑洼的感觉，如图 3-205 所示。

图 3-205

08 再创建一些砖块状的物体，任意摆放在"地坑"周围，并做出凌乱的感觉，如图 3-206 所示。

图 3-206

09 执行"窗口"→"渲染编辑器"→Hypershade 命令，赋予凹面和砖块一个 Lambert 材质。找到制作好的贴图，并赋予材质球的颜色属性，如图 3-207 所示。

图 3-207

10 执行"UV 纹理编辑器"命令，调整地坑的 UV 映射，并保存好 UV 映射贴图，如图 3-208 所示。

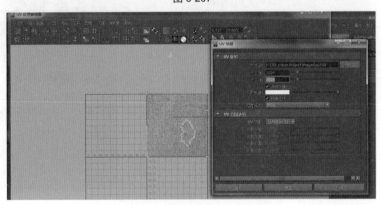

图 3-208

11 导出映射 UV 贴图后，在 Photoshop 软件 中对照 UV 调整参考贴图的尺寸，如图 3-209 所示。

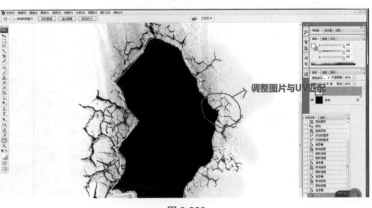

图 3-209

12 运用 MAYA 的分层纹理节点，制作地坑周围的脏色及地面的遮罩。首先将地面的固有色贴图和地坑周边的裂缝贴图分别赋予分层纹理，"混合模式"更改为"差集"，如图 3-210 所示。

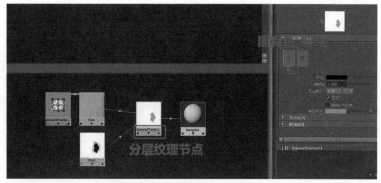

图 3-210

13 再用 Photoshop 的画笔工具绘制地坑周边的脏色，要沿着地坑映射贴图的外围制作，并扩大所选区域，如图 3-211 所示。

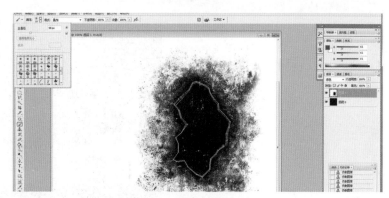

图 3-211

14 选中图片，按快捷键 Ctrl+I 反选选区，效果如图 3-212 所示。

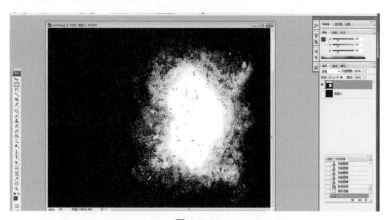

图 3-212

15 在 MAYA 的 Lambert 材质球中贴入脏色贴图，并拖入层纹理的顶层，将"混合模式"更改为"相乘"，如图 3-213 所示。

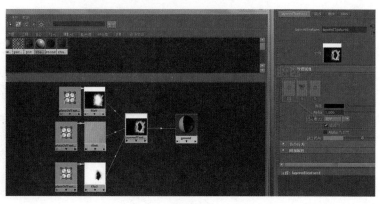

图 3-213

16 下面制作一些碎石、屑末等物体。执行"创建"→"多边形基本体"→"平面"命令，然后将面板切换到"动力学模块"。选中平面，执行"粒子"→"从对象发射"命令，打开"发射器选项（从对象发射）"对话框，并修改参数。将"发射器类型"更改为"表面"，"速率（粒子数 / 秒）"更改为100，单击"创建"按钮，如图3-214所示。

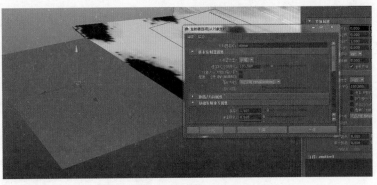

图 3-214

17 播放观察粒子从平面发射出来的效果。此时的数量和形式都不对，需要继续调整。在旁边用多边形制作一个石头对象，加选所有的粒子，执行"粒子"→"替代"命令，这样所有的粒子就被替换成石头模型了，如图3-215所示。

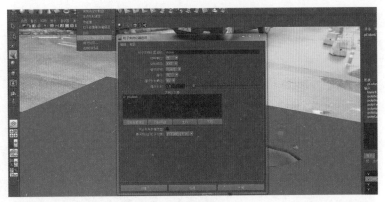

图 3-215

18 粒子的大小需要变化，可以在粒子的particleShape1属性中调整。选择粒子，按快捷键Ctrl+A，切换到particleShape1面板，将"保持"更改为0.9，"寿命模式"更改为"随机范围"，"寿命"改为0.4，"寿命随机"更改为0.2。在"添加动态属性"中单击"常规"按钮，弹出添加属性的对话框。执行"粒子-radiusPP"（半径PP）命令，"半径 PP"就添加到了"每粒子属性"中，在"半径 PP"中右击，在弹出的快捷菜单中执行"创建表达式"命令，按照如图 3-216 所示输入粒子大小的表达式：

particleshape1.radiusPP=rand(0.2,1.2);
表达式的意思就是，每颗粒子的半径值在 0.2 ～ 1.2 之间变化。

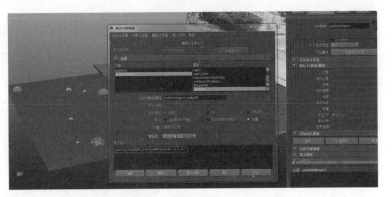

图 3-216

19 播放关键帧至某一时刻，删除多边形平面。将粒子全部选中并平移，最后再创建一些由 Box 和粒子制作的碎石、屑末状物，并摆放在地坑周边，如图3-217所示。

图 3-217

20 下面设置灯光。在 MAYA 中创建两盏平行灯光，一盏主光，一盏辅灯。打开灯光属性，设置灯光强度为 1.6，勾选"使用深度阴影贴图"复选框，将"分辨率"更改为 1024，"过滤器大小"为 2，颜色设置为暖色；辅光强度为 0.6，颜色设置为偏蓝色，如图 3-218 所示。

图 3-218

21 下面进行分层渲染。选择需要渲染的 Color 层（包括灯光和模型），在右下角渲染层中单击"创建新层并指定选定对象"按钮，双击 Layer1，修改名称为 Diffuse，如图 3-219 所示。

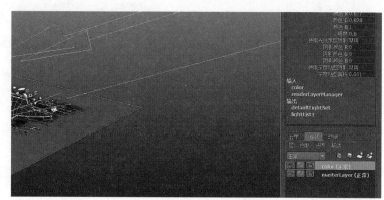

图 3-219

22 在 Diffuse 层上右击，在属性栏中的"预设"按钮上右击，在弹出的快捷菜单中选择"漫反射"命令，完成后关闭，如图 3-220 所示。

图 3-220

23 用同样的方法，分别设置 Diffuse（漫反射）层、Occ（深度阴影贴图）层和 Shadow（阴影）层，如图 3-221 所示。

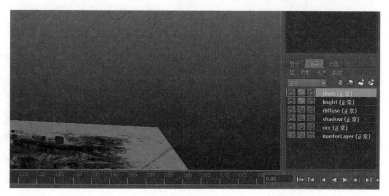

图 3-221

24 打开渲染设置，设置每一层的渲染属性，渲染输出格式设置为 Targa，拓展名称为"．#.拓展名"，帧填充为 3，渲染帧范围为 0 ～ 175 帧，Diffuse 层的具体设置如图 3-222 所示（注：分层渲染时针对每一层的情况，选择不同的渲染器，如 Diffuse 层用软件渲染器，Occ 层可用 Mental ray 渲染器，这样可以节约时间）。

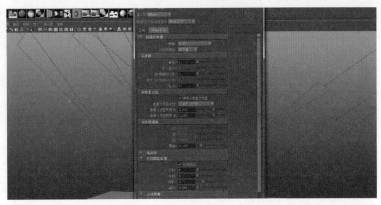

图 3-222

3.3.4　After Effects 中的 3D 合成效果

01 渲染完成后，打开保存的文件路径，将渲染的所有序列帧导入 After Effects 软件中，如图 3-223 所示。

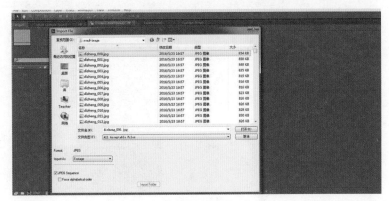

图 3-223

02 此时 After Effects 会弹出一个对话框询问"是否直接导入这些序列"，选择 Straight-Unmatted 选项即可，如图 3-224 所示。

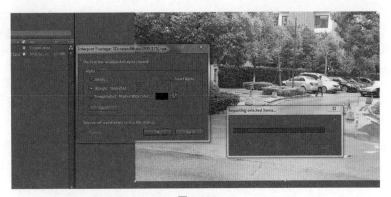

图 3-224

03 将最后渲染的 Diffuse 层、Occ 层、Shadow 层和背景层导入 After Effects，如图 3-225 所示。

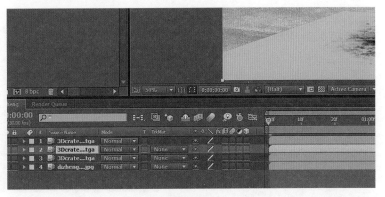

图 3-225

04 将图层的混合模式更改为 Multiply，如图 3-226 所示。播放一下，整体效果还算可以。

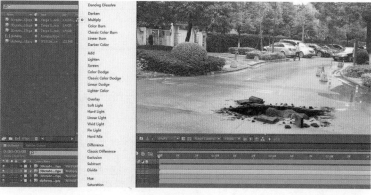

图 3-226

在这里介绍另一种在 After Effects 中合成的技法，它可以更便捷地调整虚拟三维场景，这就是"3Dlayer"（3D 图层）命令。

01 将本节一开始在 Boujou 中追踪的虚拟物导入 After Effects，另外在 MAYA 中直接渲染出场景的效果，将渲染的分层序列帧和背景层导入 After Effects，具体效果如图 3-227 所示。

图 3-227

02 导入做好的地坑阴影贴图文件shadow Matte.jpg，拖入时间轴中如图 3-228 所示的位置。

图 3-228

03 单击开启"3D 图层"图标后，图片处于空间的位置如图 3-229 所示。

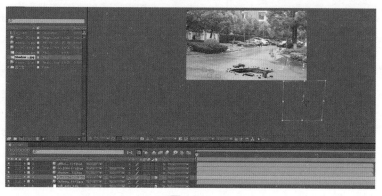

图 3-229

04 因为其 3D 坐标是根据场景在 Bou jou 中追踪的数据来指定的，因此图层转化为 3D 图层后 X、Y、Z 的坐标是与虚拟物的 X、Y、Z 坐标一致的，这里即可通过控制轴向的控制柄来控制其方位，将混合模式更改为 Multiply（正片叠底），此时叠加到场景上的效果，如图 3-230 所示。

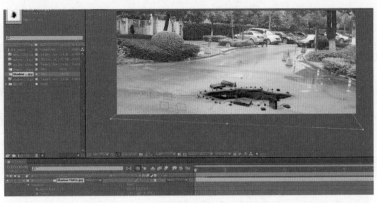

图 3-230

05 导入 Grunge Mapuvput.jpg 贴图，并放置在时间轴的顶层，如图 3-231 所示。

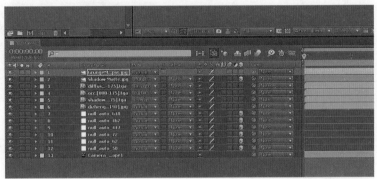

图 3-231

06 单击开启"3D 图层"图标后，可以利用 Rotation Tool（旋转工具）控制柄更改图层的位置，如图 3-232 所示。

图 3-232

07 将位置调整到如图 3-233 所示的位置，混合模式更改为 Multiply。

图 3-233

08 将 Shadow matte 图层中的 Trk Mat 更改为 Alpha Matte "GrungeMapuvput. jpg"，此时图层中的阴影部分就与地坑周围的斑迹效果匹配了，如图 3-234 所示。

图 3-234

09 执行 Layer（图层）→ New（新建）→ Adjustmentlayer（调节层）命令。在图层中添加一个 Curves（曲线）特效，曲线的调整状态如图 3-235 所示。

图 3-235

10 再添加 CC Color Offset（色彩偏移）特效，调整参数如图 3-236 所示。

图 3-236

11 最后制作冒出的烟雾效果。导入名为 Real smoke 15seec 的烟雾特效序列，并置于图层的顶端，如图 3-237 所示。

图 3-237

12 单击开启"3D 图层"图标后，调整地坑中的位置，将混合模式更改为 Exclusion（排除），如图 3-238 所示。

图 3-238

13 复制 Real smoke 15seec 层，使地坑冒烟的效果增强，播放视频查看效果，如图 3-239 所示。（最终的效果可参考本书附赠资源的教学视频）。

图 3-239

3.4　案例中重难点技术回顾

　　本章的重点在虚拟镜头与实拍镜头的路径匹配上，而且实拍镜头的虚拟数据反求追踪是重中之重，下面分析一下本章的重难点。

　　1. 在对实拍场景进行轨迹追踪时，搜索点放置的位置是非常关键的，影片素材的画质要求也比较高，这些因素决定了最终追踪点的稳定程度。

　　2. 轨迹追踪完成后，画面本身晃动的处理非常重要，此时会用到摄像机的拾取表达式等工具，以及需要手动输入一些表达式，对画面的平稳性进行处理。

　　3. 将三维软件中制作的场景匹配到实拍场景中时，3D 坐标的轴向统一是关键，这样才能达到以假乱真的效果，而 Bou jou 软件就能起到这样的中转作用，在 After Effects 中又能用 3D Layer 这样的命令对效果进行进一步的调整和完善。

3.5　拓展与思考练习：直升机空中射击

4.1 制作 MAYA 角色的写实模型

4.1.1 制作角色模型

本章主要讲解运用三维软件制作真实的角色模型，继而在 After Effects 中进行高级合成，得到真实的电影级画面效果。首先启动 MAYA，由于插件安装的原因，这里用 MAYA 2010，制作一个科幻世界中的半人半牛的战士。

01 创建一个多边形立方体，细分宽度、高度和深度均为 1，然后对其进行 Smooth（平滑）处理，如图 4-1 所示。

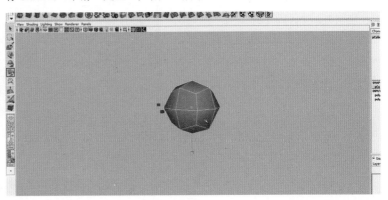

图 4-1

02 开启 Color Wire frame（着数对象线框），在 Side 视图中调整好形状，使其看起来像头部的轮廓，用 Extrude（挤压）工具挤出脖子的部分，如图 4-2 所示。

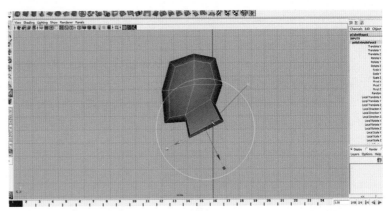

图 4-2

03 继续挤压出身体的部分，在挤压时要注意轴向的变化，可以通过控制柄改变轴向，当前是自身轴，如图 4-3 所示。

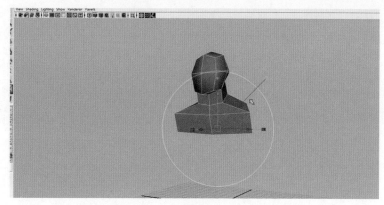

图 4-3

04 由于工具的使用在前几章中已经详细介绍了，这里就不再赘述，操作时要随时注意在侧面调整角色的形体。此时调整它的胸部，使其看起来比较强壮，如图 4-4 所示。

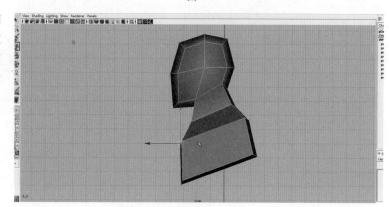

图 4-4

05 此时挤压出角色的两只手臂，在挤压时，可以采用连续挤压的方式，让手臂分为数段，如图 4-5 所示。

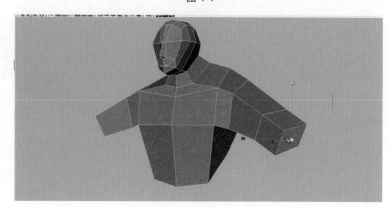

图 4-5

06 臀部转体的位置，需要在 Side 视图中完成，此时要注意形体的变化，如图 4-6 所示。

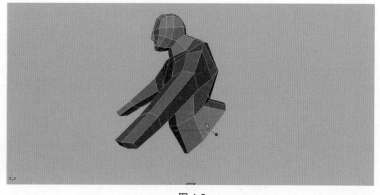

图 4-6

07 按照这样的方式依次把整个身体的大致形状塑造出来，可以在制作的过程中，删除左侧一半的模型，将右侧的模型通过执行"编辑"→"特殊复制"→"实例工具"命令，镜像复制过去，这样就节省了一半的操作时间，如图 4-7 所示。

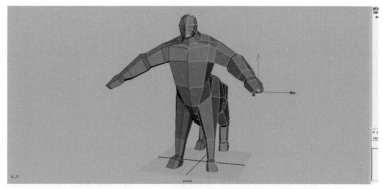

图 4-7

08 用 Split polygon tool（交互式切割工具）对模型进行加线处理，手臂和身体部位、大腿与小腿是重点处理部分，在加线的过程中，此时还应该随时调整点的位置，将角色强壮的身体表现出来，如图 4-8 所示。

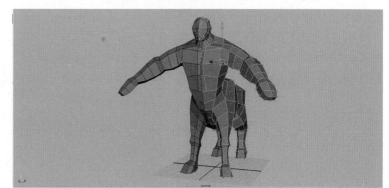

图 4-8

09 线加得越多，角色模型就越精细，通过对线条与点的调整，模型的身形就塑造出来了，如图 4-9 所示。

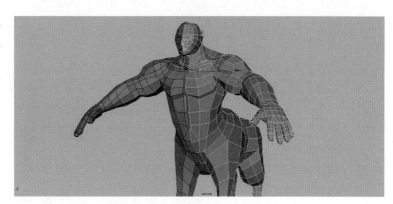

图 4-9

10 用 Plane（平面）工具制作角色的面具。因为有面具，角色五官的塑造就不用太仔细，将制作好的面具放置于头部，调整至可以吻合的大小，如图 4-10 所示。

图 4-10

11 制作手臂的护甲和护腕布，护腕布可以用 Duplicate face（复制面）工具复制出手腕的模型，调整一下即可，如图 4-11 所示。

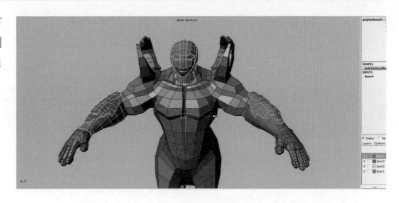

图 4-11

12 还有其他的配件物品，制作好的效果如图 4-12 所示。

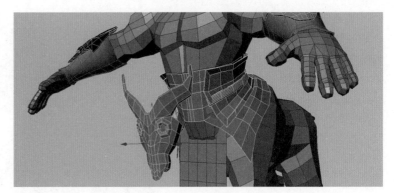

图 4-12

13 关闭 Shading Wire frame（着色对象线框），拼接右、前、左 3 个视图，并查看模型效果，如图 4-13 所示。

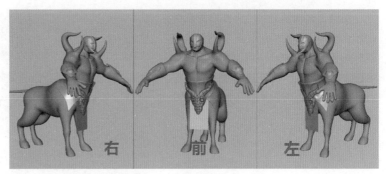

图 4-13

14 在后视图查看效果，如图 4-14 所示。

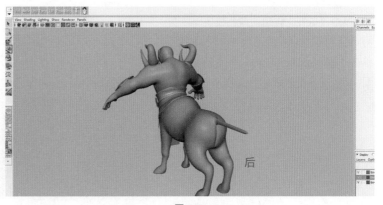

图 4-14

4.1.2　Unfold3D 拆分 UV

模型制作完成后，将角色（除配件饰物）导出为 Obj 格式文件，如果在导出选项中没有 Obj 的模式，可以在插件管理器中选中 Obj Export.mll 选项，并加载进来即可，如图 4-15 所示。

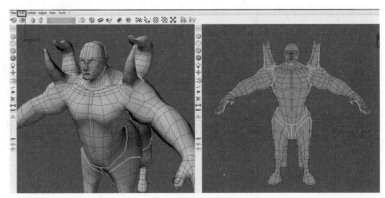

图 4-15

启动 Unfold3D 软件，这是一款用于适时快速拆分 UV 的软件，尤其是针对角色模型的 UV 拆分，可以拆分得快速、准确，而且效果很好。

01 如图 4-16 所示，导入 Obj 格式的模型后，按住 Ctrl 键可以加选任意线条（加选的线条为蓝色显示），表示要沿线剪开的部位。在这里可以将模型分为头部、身体、躯干、四肢 4 个部分。

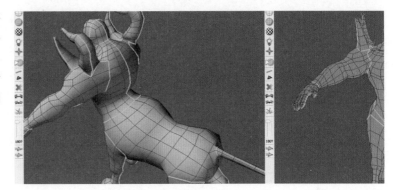

图 4-16

值得注意的地方是，剪开后需要将此部分撕平、展开，那么这个部分就必须有一条对拆线才行，例如身体部分，对拆线就在背后，剪开后即意味着沿着对拆线撕开可以将整个身体展平，如图 4-17 所示。

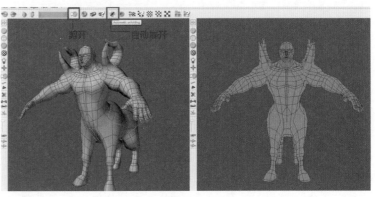

图 4-17

02 单击"剪开"按钮，蓝色线条即转变为黄色线条，这表明已经拆分成功，再单击 Automatic unfolding（自动展开）按钮，即可展开全部的 UV，如图 4-18 所示。

图 4-18

03 如图 4-19 所示为展开后的 UV 效果，将该文件保存。

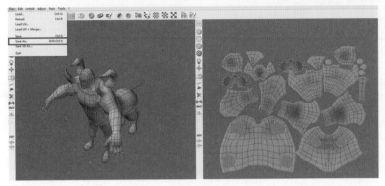

图 4-19

04 将其他部件导入，进行 UV 拆分，如图 4-20 所示。

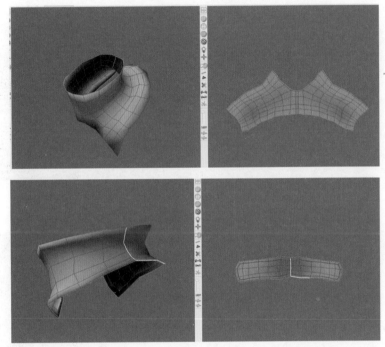

图 4-20

05 用导入 MAYA 的模型替换之前的模型，打开"UV 编辑器"，展平的是映射好的 UV 效果，如图 4-21 所示。

图 4-21

4.1.3 制作角色材质渲染

01 回到 MAYA 中，打开 UV 编辑器，将映射好的 UV 导出，保存为 2048×2048 的尺寸，格式为 JPEG。启动 Photoshop 软件并打开 UV 贴图，如图 4-22 所示。

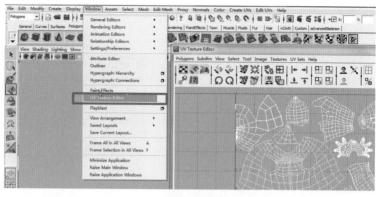

图 4-22

02 将每部件在图层中进行分层绘制，先用画笔加上贴图素材叠合，绘制出角色的躯干部分，如图 4-23 所示。

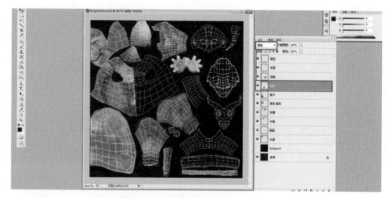

图 4-23

03 打开"渐变编辑器"对话框，调整渐变颜色，如图 4-24 所示。

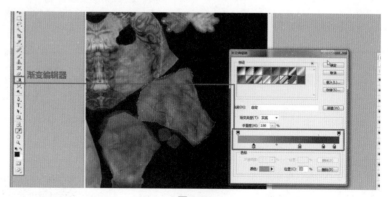

图 4-24

04 按快捷键 Ctrl+J 复制"后肢 副本"图层，并添加渐变颜色，调整复制出来的图层的混合模式为"正片叠底"，并更改"不透明度"为 16%，如图 4-25 所示。

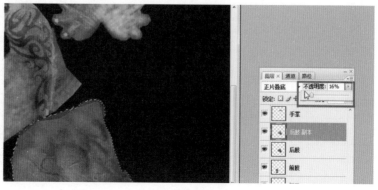

图 4-25

05 躯干部分只需要绘制一半，另一半按快捷键 Ctrl+T 自由变换复制过去，再用画笔绘制刀疤细节即可，如图 4-26 所示。

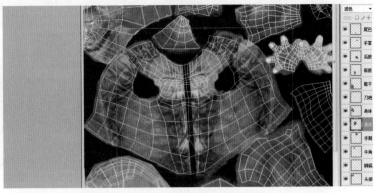

图 4-26

06 剩下的配件用同样的方法绘制出来即可，如图 4-27 所示。

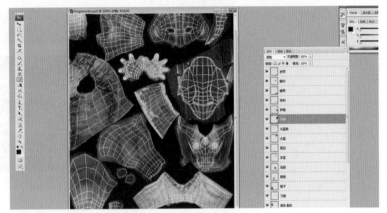

图 4-27

07 添加 background 黑色背景，并去掉网格，效果如图 4-28 所示。

图 4-28

08 导出绘制的贴图，打开 MAYA 的材质编辑器，将贴图赋予角色的 Blin1 材质球，效果如图 4-29 所示。

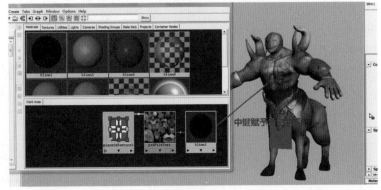

图 4-29

09 配件、饰物也赋予 Blin2 材质，材质球分别赋予颜色贴图和自发光贴图，如图 4-30 所示。

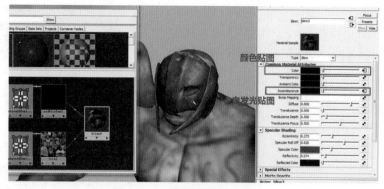

图 4-30

10 束身与腰带单独赋予 Blin3 材质，如图 4-31 所示。

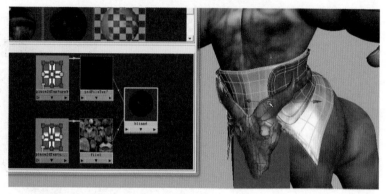

图 4-31

11 飘带可以做好透明贴图，分别拖入 Color（颜色）与 Transparency（透明度）中，如图 4-32 所示。

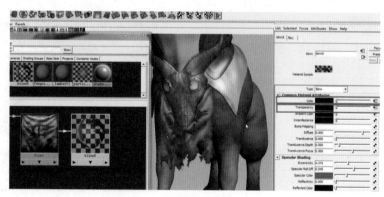

图 4-32

12 制作好贴图材质后的整体效果如图 4-33 所示（注意，贴图的接缝处需要用 CINEMA 4D 处理）。

图 4-33

另外一个重要的贴图就是法线贴图，它需要用到 ZBrush 软件，简称 ZB，这是一款专门用于高精度模型的细节雕刻和法线贴图的烘焙制作软件。

01 启动 ZBrush，进入界面，将从 MAYA 导出的低精度 Obj 文件导入 ZBrush。首先单击 Edit（编辑）按钮，调整增强和减弱笔刷 Zadd 和 Zsub，将 Intensity（强度）改为 10，在模型上刷取肌肉的块状感，如图 4-34 所示。

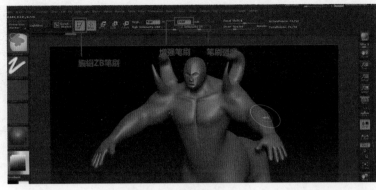

图 4-34

值得注意的是，ZBrush 中刷取的模型，必须是拆分好 UV 的模型。在刷取的过程中，可以将 Tool（工具）→ Geometry（几何体）的级别设置为 3，单击 Sculpt（雕刻）按钮，实时监控高精度模型，如图 4-35 所示。

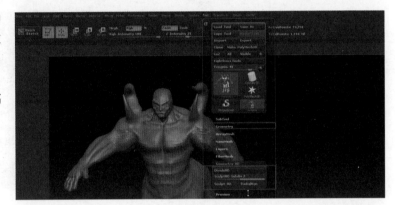

图 4-35

02 适当修正模型细节后，再回到 1 级（低精度）模型，执行 Export（导出）命令，保存名为 fengniu 的 obj 文件，如图 4-36 所示。

图 4-36

03 继续在高精度模型上刷取细节，例如血管，可用 Standard（基本）笔刷中的 Alpha22 效果刷取，如图 4-37 所示。

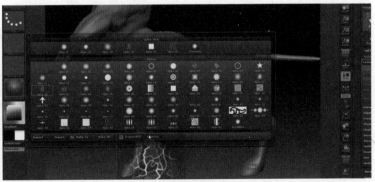

图 4-37

04 侧面身体的肌肉凸出部分也可以制作出来，如图 4-38 所示。

图 4-38

05 回到低精度模型，执行 Tool → NormalMap（法线贴图）命令，单击 Create Normal Map（创建法线贴图）按钮，导出烘焙的法线贴图，将尺寸改为 2048×2048，格式为 JPEG，具体设置如图 4-39 所示。

图 4-39

06 回到 MAYA，在角色的材质属性 Bump Mapping（凹凸贴图）中载入保存好的法线贴图，将"凹凸深度"改为 0.5，使用"切线空间法线"模式，如图 4-40 所示。

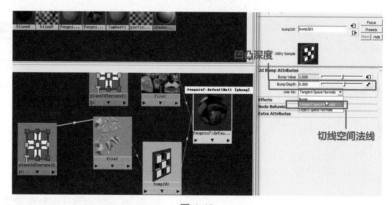

图 4-40

07 替换低精度模型，单击工具架上的"高精度显示"按钮，效果如图 4-41 所示。

图 4-41

4.2　MAYA 角色的写实动画设置

4.2.1　装配角色骨骼

制作模型材质与贴图的同时，可以对角色先进行骨骼的装配，也就是 Skeletal binding。在这里先安装 MAYA 的一款骨骼装配插件——AdvancedSkeleton，单击 Install 按钮直接安装，该插件是 MAYA 2010 版本的，所以使用 MAYA 2010，如图 4-42 所示。

图 4-42

01 载入软件以后，单击 Fit 按钮，出现相应面板，选择 biped.ma 选项（两足动物），单击 Import（导入）按钮，导入程序中的左半边角色骨骼，如图 4-43 所示。

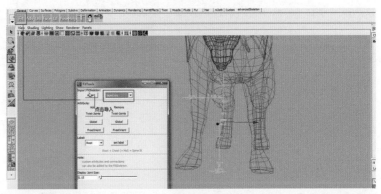

图 4-43

02 选中每根骨骼，进行手动调整。首先将骨骼匹配到角色的腿部，此操作要在 Side 视图中完成，如图 4-44 所示。

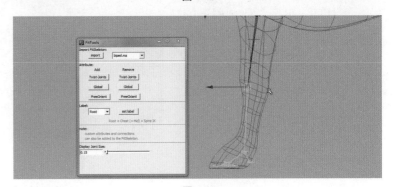

图 4-44

身体部位的骨骼要特别注意，根据模型的形体进行设置，这样才能使角色装配好骨骼后能正确地弯曲身体，如图 4-45 所示。

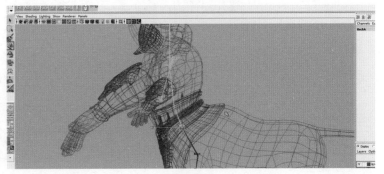

图 4-45

03 手部的骨骼同样如此调整，将轴向切换到自身轴向进行骨骼旋转，如图 4-46 所示。

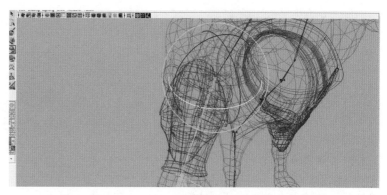

图 4-46

04 角色身体部分的骨骼匹配完毕后，选中 quadruped.ma 选项，再次导入一个四足动物的左半边骨骼，如图 4-47 所示。

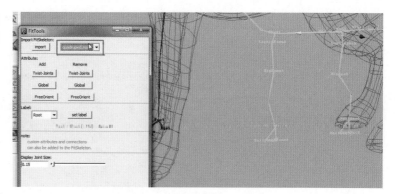

图 4-47

05 选中脖子部分的根骨骼——root，按快捷键 Shift+P（取消子父），取消 root 与 chest（脊椎）的连接，如图 4-48 所示。

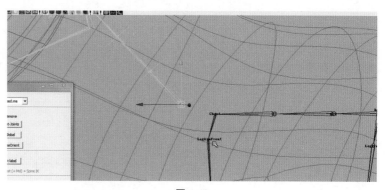

图 4-48

06 按 Insert 键，自由旋转轴向，让断开连接处的 root 轴向与身体骨骼轴向统一，如图 4-49 所示。

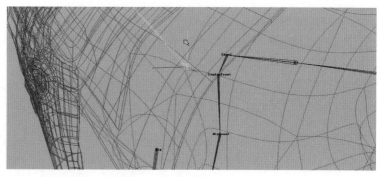

图 4-49

07 调整其四肢的轴向与模型匹配，在调整时注意要单轴操作，如图 4-50 所示。

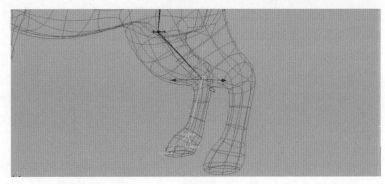

图 4-50

08 调整完毕后，依次选择 root 和 chest，按 P 键确定子父关系，如图 4-51 所示。

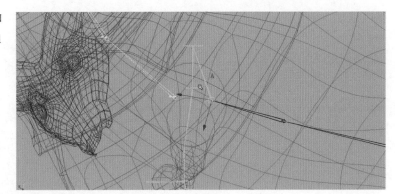

图 4-51

09 调整完毕后，特殊的骨骼系统就装配好了。接下来，要确定生成骨骼的所有控制器的绑定方式，单击 Adv 按钮，在弹出的 AdvancedSkeleton 对话框中，单击 OK 按钮，如图 4-52 所示。

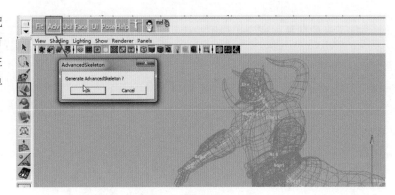

图 4-52

10 自动绑定完成的骨骼控制器，如图 4-53 所示。

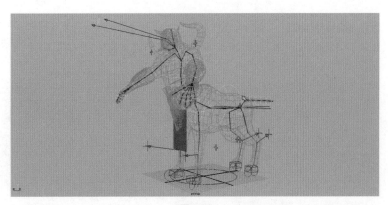

图 4-53

11 测试骨骼的运动性。移动或旋转控制器的控制轴，观察骨骼的装配是否完整，如图 4-54 所示。

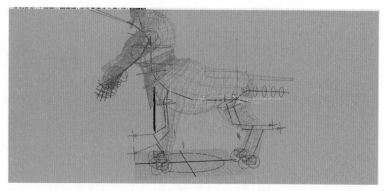

图 4-54

12 在图标模式下单击 biped 按钮，在图标的控制中，精确寻找要选择的控制点并进行操作，如图 4-55 所示。

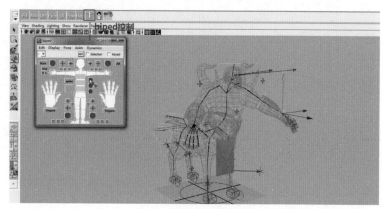

图 4-55

接下来的就是刷取绑定模型的权重，将身体的各部分均匀地配置给对应的骨骼。

01 在视图的 Show 菜单中，勾选 Polygons 和 Joints 选项，隐藏模型的其他部分，如图 4-56 所示。

图 4-56

02 先选择整个骨骼，再选择模型，执行 Skin → Bindskin → Smooth Bind 命令，如图 4-57 所示。

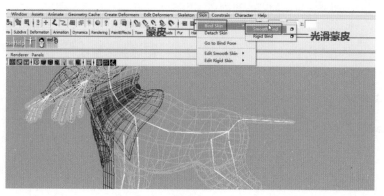

图 4-57

03 角色的骨骼装配与蒙皮完成，下面要刷取角色皮肤的权重，所谓"权重"就是角色的每一根骨骼都要控制着对应的皮肤。执行 Skin → Edit Smooth Skin → Paint Skin Weights Tool 命令，如图 4-58 所示。

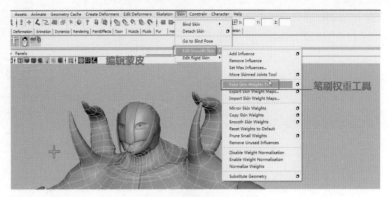

图 4-58

04 在身体部位刷取，白色部分是受控制的范围，黑色部位是不受控制的范围。在笔刷属性下，可在 Replace 和 Smooth 之间切换笔刷，边缘部位即用光滑笔刷，白色部位用替代笔刷，Value 值为 1，如图 4-59 所示。

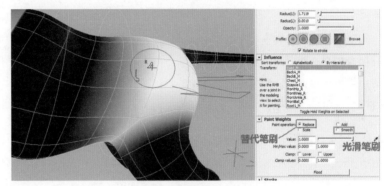

图 4-59

05 将列表框中的每根骨骼选中，在视图中刷取相应分配的部位，如图 4-60 所示。

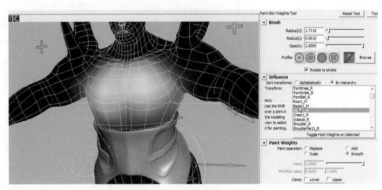

图 4-60

06 在完成权重的分配之后，可以拖曳控制柄测试权重的效果，尽量大幅度地摆动角色，防止有穿插现象出现。如果出现了穿插现象，在穿插处继续刷取权重，如图 4-61 所示。

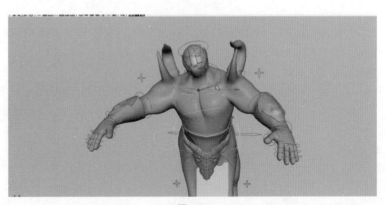

图 4-61

07 缩放总控制器，测试没有问题，就完成了权重分配的制作，如图4-62所示。

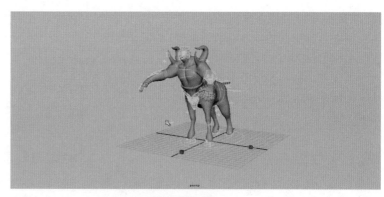

图 4-62

4.2.2　角色动画设计与制作

　　角色的动作设计非常重要，因为设计的是四足怪物，可以找一些参考资料进行设计，这里可以参考随书资源中的视频："四足行走参考.mov"，设计出角色的动作。

01 在制作动画之前，先来调整时间帧，打开 Preferences（全局设置）面板，在 Settings（设置）→ Time（时间）中，将 Time 改为 PAL25fps，如图4-63所示。

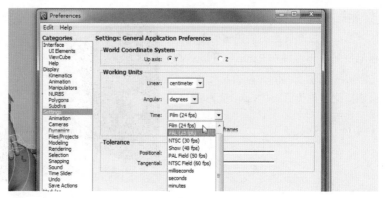

图 4-63

02 在 TimeSlider 中将 Playback speed 改为 Real-time[25 fps]，如图4-64所示。

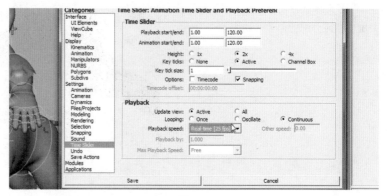

图 4-64

03 打开 ScriptEditor（脚本编辑器）对话框，并将其清理干净。依次选择所有线性控制器，在脚本编辑器中按快捷键 Ctrl+A 全选，如图4-65所示。

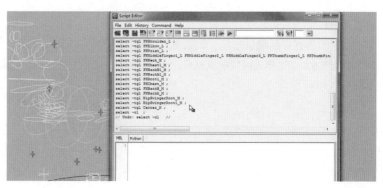

图 4-65

04 全选后，按住鼠标中键将选择的所有对象拖至模块图标中，弹出如图 4-66 所示的 MAYA 对话框。

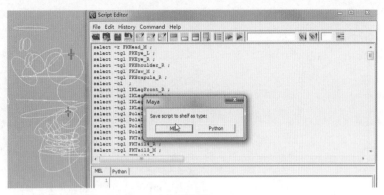

图 4-66

05 这样就将整个线性控制器的选择做了一个脚本 mel，单击如图 4-67 所示的脚本 mel 工具按钮，即可全选所有控制器。

图 4-67

06 导入制作的"战斧"，将其指定到角色手腕的线性控制器 FKWrist_R 上，如图 4-68 所示。

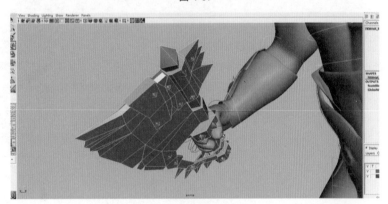

图 4-68

07 将时间轴指示器拖至 0 帧的位置，选择 mel，在时间帧栏中右击设置关键帧，再进行角色初始动作的设置，如图 4-69 所示。

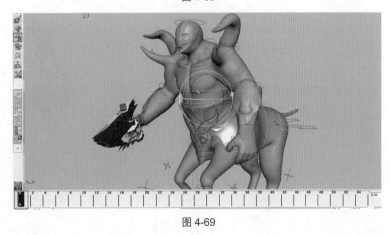

图 4-69

08 开启自动记录关键帧模式，将时间轴指示器拖至 10 帧的位置，设置角色的跃起动作，如图 4-70 所示。

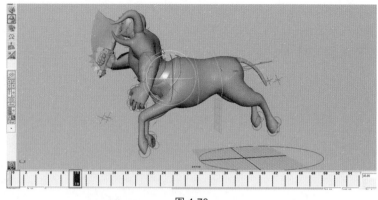

图 4-70

09 将剩下的连续动作进行关键帧设置，如图 4-71 所示。

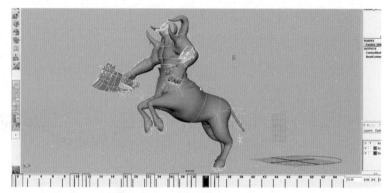

图 4-71

10 在连续动作之间插入中间帧，让动作能够过渡衔接。手臂的跟随动作和尾巴的跟随动作也要制作出来，如图 4-72 所示。

图 4-72

11 最后调整细节。选择胸部的控制器 FKChest1_M，身体的动作要跟随手臂的上扬和侧身转动，因此单独选择该控制器沿 X 轴转动，如图 4-73 所示。

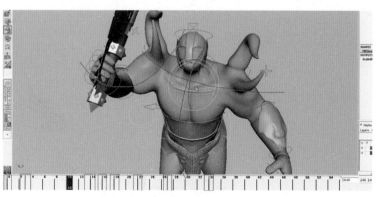

图 4-73

12 其他部分也是如此，手部的跟随动作随着身体摆动也要做出来，此时可以对关键帧进行错帧处理，如图 4-74 所示。

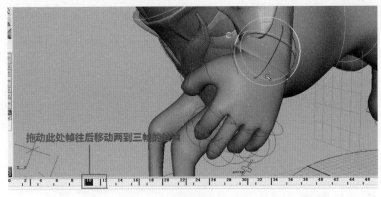

图 4-74

13 加入的关键帧如图 4-75 所示。

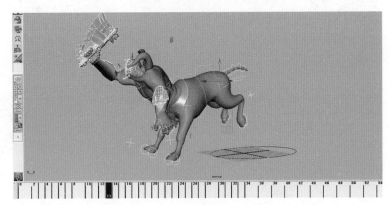

图 4-75

14 执行 Graph Editor（曲线编辑器）命令，选择 mel，全选该编辑器中所有的帧，并进行平滑帧处理，如图 4-76 所示。

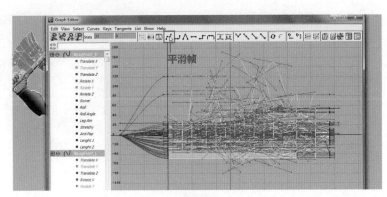

图 4-76

15 制作动画后，可以为后面的毛发运算进行时间的缓冲，另外还可以选择一个静止的动作，后期进行渲染合成处理，如图 4-77 所示（具体动作可参考本书配套资源中的视频文件："动作参考 .avi"）。

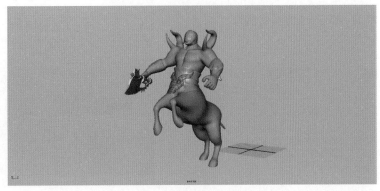

图 4-77

4.2.3 Shave 毛发插件的运用

Shave 是一款专门用作仿真毛发运算和动态模拟的插件，它可外挂于 3ds Max、MAYA 等软件中。安装成功后，即可在 MAYA 的菜单窗口中显示，如图 4-78 所示。

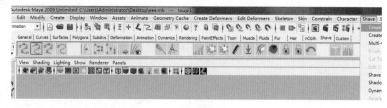

图 4-78

01 执行 Shave → Create New Hair（创建新毛发）命令，作为创建的面片，可单独复制出一块面片，作为种植毛发的头皮，如图 4-79 所示。

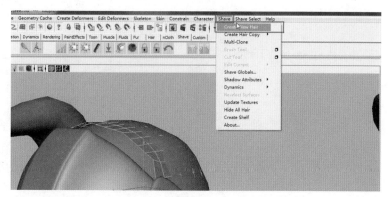

图 4-79

02 此时弹出带有各种毛发预览的窗口，此处选择 brunette（深褐色）头皮，如图 4-80 所示。

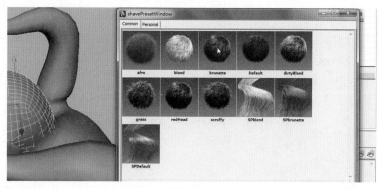

图 4-80

03 选中毛发后，执行 Brush tool（笔刷工具）命令，如图 4-81 所示。

图 4-81

04 在这里有几种刷取模式，例如伸长或缩短模式，按住鼠标左键可以改变毛发的长度，如图 4-82 所示。

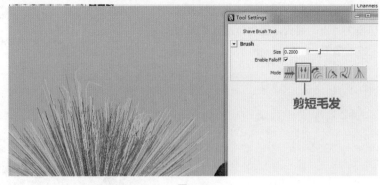

图 4-82

05 使用弯曲模式可以将毛发卷曲，如图 4-83 所示。

图 4-83

06 毛发的形状可以用梳理模式，将搭在角色胸前的毛发梳理出来，如图 4-84 所示。

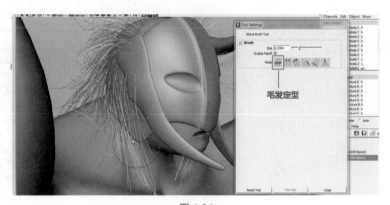

图 4-84

07 将背后的毛发也梳理一遍，尽量让头顶的毛发拱起来，如图 4-85 所示。

图 4-85

08 局部也要修正,可以将毛发选择模式切换为"点"模式,通过拉动点来调整毛发的细节,如图4-86所示。

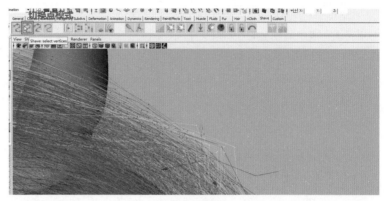

图 4-86

09 最终梳理出来的毛发效果,如图4-87所示。

图 4-87

10 设置一盏平行灯,进行毛发的渲染测试,如图4-88所示。

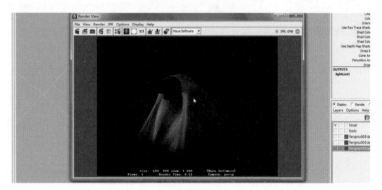

图 4-88

11 为角色的四足分别创建面片,作为毛发生长的皮肤,在面片上创建 brunette 毛发,如图4-89所示。

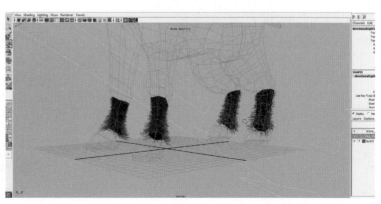

图 4-89

12 测试腿部毛发的效果，如图4-90所示。

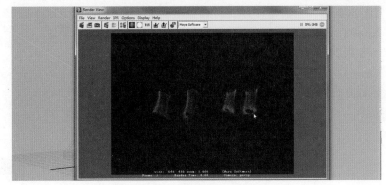

图 4-90

4.3　MAYA 场景的渲染

01 为角色身体和饰物赋予 Blinn1 材质，将导出的法线贴图贴在 Bump Mapping 上，如图 4-91 所示。

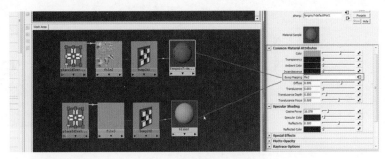

图 4-91

02 选中 Bump2d 节点，将 Use As 更改为 Tangent Space Nomals（切线空间法线），此时，法线贴图的效果就出来了，如图 4-92 所示。

图 4-92

03 渲染局部的饰物，查看凹凸的效果，如图 4-93 所示。

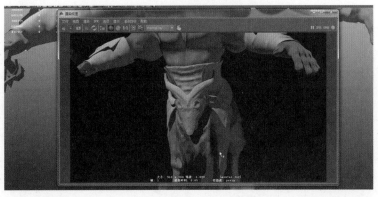

图 4-93

04 重新调入先前制作好动画的文件 fengniu_animation.mb，将时间轴指示器调整到 2~3 帧的区域，设置一台摄像机 Camera1，尺寸设置为 640×480，Focal Length（焦长）设置为 35mm，如图 4-94 所示。

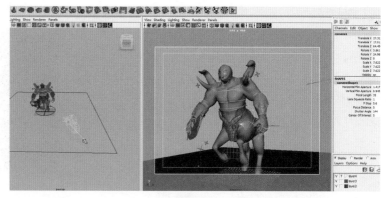

图 4-94

05 设置一盏聚光灯，调节其参数如图 4-95 所示。

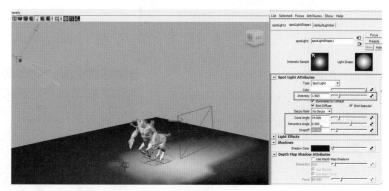

图 4-95

06 设置一盏侧光和背光，Intensity（强度）分别为 0.5 和 0.3，然后分别选中这两盏灯光，加选地面，执行 Lighting/Shading（灯光属性）→ Break Light Links（断掉灯光链接）命令，如图 4-96 所示。

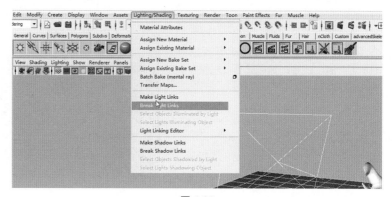

图 4-96

07 下面设置渲染面板属性。渲染器更改为 Mental Ray，反锯齿强度更改为 Mitchell，勾选 Raytracing（光线追踪）复选框，其他参数如图 4-97 所示。

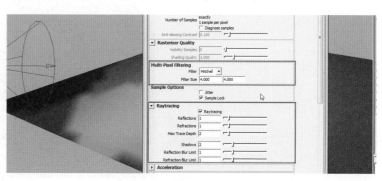

图 4-97

08 切换到灯光属性面板，勾选 Global Illumination（全局照明）复选框，如图 4-98 所示。

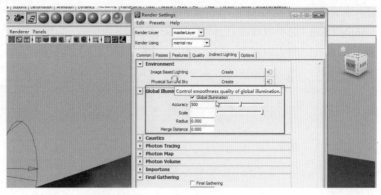

图 4-98

09 渲染效果如图 4-99 所示。可以看到，渲染图片的黑点还比较多，质量也不是很好，而且金属外壳的反光亮度太高。接下来重新设定场景和灯光，并处理上述的问题。

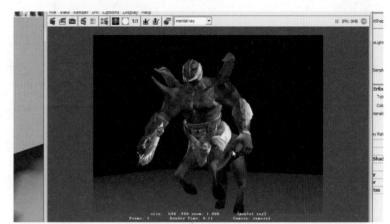

图 4-99

10 删除所有灯光，断掉之前所有的材质贴图，重新赋予空白的 Blin 材质球。打开 Hypershade（材质编辑器），在左侧切换材质节点为 Mentalray 的材质节点，单击创建 misss_fast_skin_MAYA 节点，这是制作角色皮肤通透感的 SSS 材质节点，如图 4-100 所示。

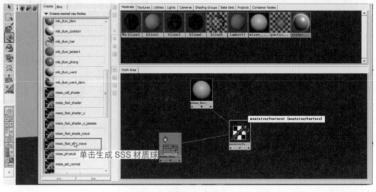

图 4-100

11 将 misss_fast_skin_MAYA 材质球赋予角色身体，如图 4-101 所示。

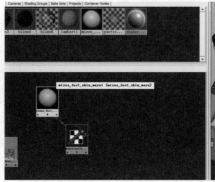

图 4-101

12 启动渲染总面板属性，设置 Min Sample Level（最小取样度）为 -2，Max Sample Level（最大取样度）为 2，如图 4-102 所示。

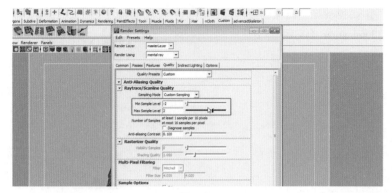

图 4-102

13 切换灯光面板，勾选 Final Gathering（最终聚焦）复选框，调整 Accuracy（精确值）为 200，如图 4-103 所示。

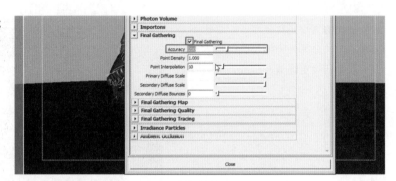

图 4-103

14 由于角色是光滑后的效果，在一些需要渲染的位置有穿帮的地方，可以手动调整点模式，将其拉动，如图 4-104 所示。

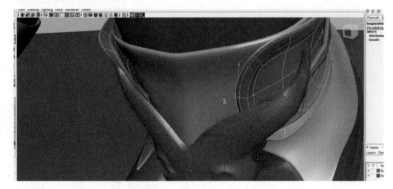

图 4-104

15 此时的渲染效果，如图 4-105 所示。

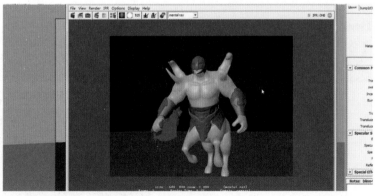

图 4-105

16 重新设置灯光的全局属性。设置 Common 属性下的 Render Options（渲染选项），取消勾选 Enable Default Light（默认灯光）复选框，如图 4-106 所示。

图 4-106

17 再次单击 Render（渲染）按钮，会发现场景较暗，如图 4-107 所示。

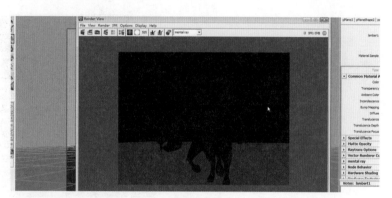

图 4-107

18 设置一块反光板，颜色调整为白色，单击环境色的颜色框，调整 V 为 1.2，并移至如图 4-108 所示的位置。

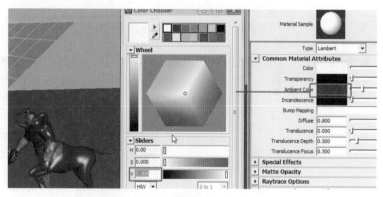

图 4-108

19 再次渲染，得到的效果图如图 4-109 所示。

图 4-109

20 再次打开渲染全局设置面板，单击
Final Gathering → Primary Diffuse Scale（原
发弥漫尺度）的色块，更改 V 为 2，如
图 4-110 所示。

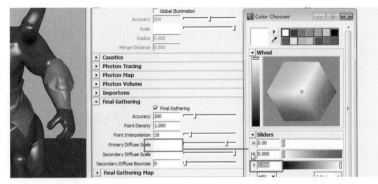

图 4-110

21 再次渲染，这次比上一次的效果好一
些，该亮的部位也照亮了，如图 4-111 所
示。

图 4-111

22 创建一个点光源，拖至角色旁边稍
靠后的位置，设置强度为 0.3，勾选 Use
Ray Trace Shadow（使用追踪阴影）复选
框，如图 4-112 所示。

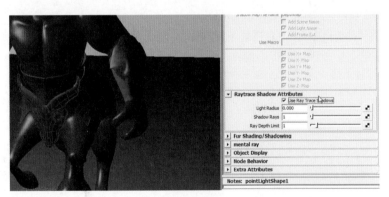

图 4-112

23 渲染查看阴影的效果，如图 4-113 所
示。

图 4-113

24 继续添加一个作为辅助灯光的点光源，并去掉阴影效果，如图 4-114 所示。

图 4-114

25 渲染查看效果，如图 4-115 所示。

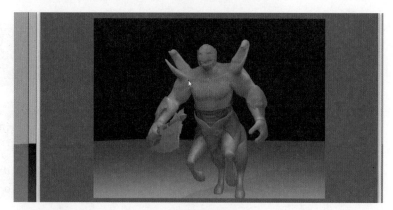

图 4-115

26 此时阴影效果还不尽如人意，可以打开主灯光的 Shadow Color（阴影颜色）属性，更改 V 为 -1，如图 4-116 所示。

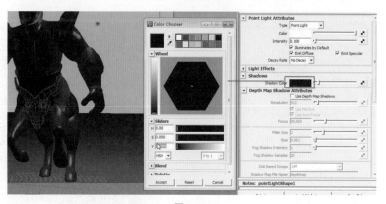

图 4-116

27 再次查看渲染出的阴影效果，如图 4-117 所示。

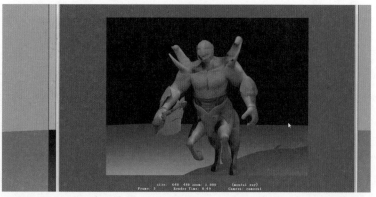

图 4-117

28 将 法 线 贴 图 赋 予 misss_fast_skin_ MAYA 材质球。双击材质球，单击 File 按钮，在 Bump 中选择文件贴图，如图 4-118 所示。

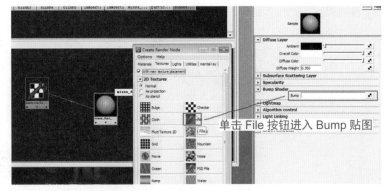

单击 File 按钮进入 Bump 贴图

图 4-118

29 将 Effects 更 改 为 Tangent Space Nomals（切线空间法线），Bump Depth（法线深度）更改为 0.05，如图 4-119 所示。

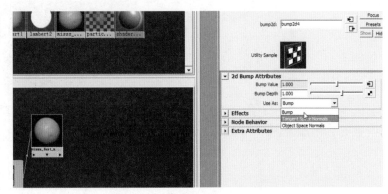

图 4-119

30 最后的渲染效果，如图 4-120 所示。

图 4-120

31 打开 misss_fast_skin_MAYA 材质属性，调整 Subsurface Scatter color（次表面散射颜色）的数值。次表面散射是用来调整人物皮肤表面光泽和通透感的属性，它通过调整三层皮肤的参数来反映肌肤的质感，如图 4-121 所示。

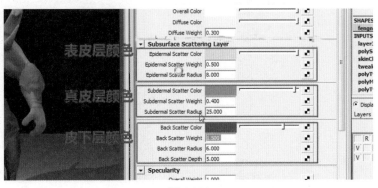

图 4-121

32 下面可以将做好的贴图贴入次表面散射的第一层中。创建文件节点，在文件中调入之前绘制好的贴图，用鼠标中键拖曳文件节点到 Epidermal Scatter Color（表皮层颜色）上，如图 4-122 所示。

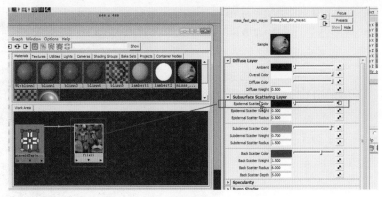

图 4-122

33 调整 Subdermal Scatter Color（真皮层颜色）和 Back Scatter Color（皮下层颜色）的参数，如图 4-123 所示。

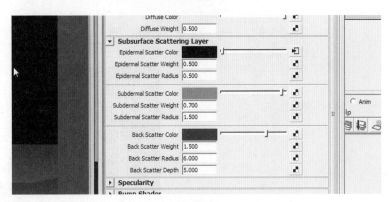

图 4-123

34 再次将纹理贴图拖入 Diffuse Color（漫反射颜色），如图 4-124 所示。

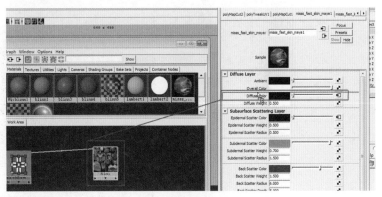

图 4-124

35 更改漫反射权重值为 0.6，并进行渲染，效果如图 4-125 所示。

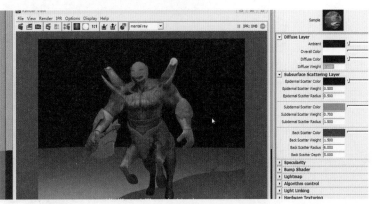

图 4-125

36 分别打开角色的配饰材质球，贴入纹理与法线贴图，如图 4-126 所示。

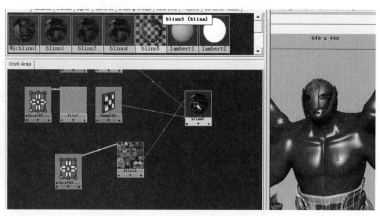

图 4-126

37 调整它们的偏心率和衰减值，不要让高光过于扩散或过亮，如图 4-127 所示。

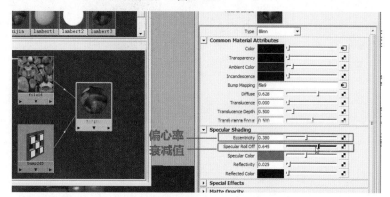

图 4-127

38 单击"渲染"按钮，渲染效果如图 4-128 所示。

图 4-128

39 此时场景光线不足，单击 Primary Diffuse Scale（原发弥漫尺度）的色块，更改 V 值为 2，如图 4-129 所示。

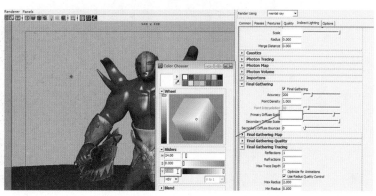

图 4-129

40 更改 Accuracy（精确值）为 400，细化渲染的场景，再次渲染的效果如图 4-130 所示。

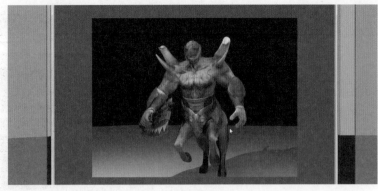

图 4-130

41 导入在上一节中制作好的 Shave 毛发和飘带，动力学解算到第 3 帧的位置，如图 4-131 所示。

图 4-131

42 将毛发和角色分层创建，这样方便后期在 After Effects 中合成。首先渲染毛发图层，渲染的效果如图 4-132 所示。

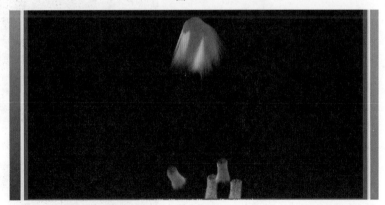

图 4-132

43 去掉阴影，将颜色图层单独渲染，如图 4-133 所示。

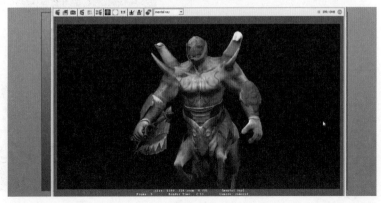

图 4-133

44 单 独 渲 染 阴 影。 对 模 型 Use Background 使用背景节点，如图 4-134 所示。最终输出这样的图片，并保存为 TIFF 格式文件。

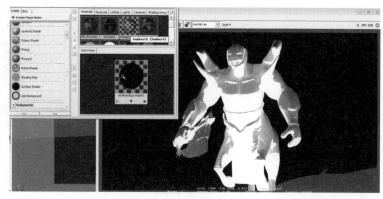

图 4-134

4.4 After Effects 后期合成与特效

4.4.1 后期特效制作

启动 After Effects，在项目库中导入刚才渲染好的静帧效果图，分别将漫反射贴图、毛发贴图、阴影贴图拖入时间轴的操作区域。

01 将"漫反射贴图通道"的不透明度更改为 0.3，在漫反射贴图下用"钢笔蒙版"工具，按照如图 4-135 所示的状态定义遮罩的部分。

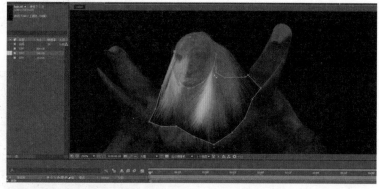

图 4-135

02 将"钢笔工具"转换为"转换顶点"工具，将遮罩形状的边缘调整圆滑，如图 4-136 所示。

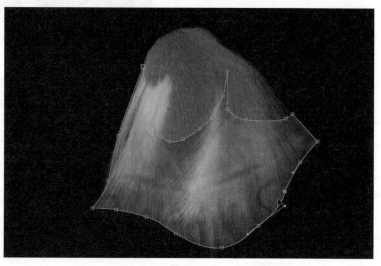

图 4-136

03 在"蒙版 1"后面勾选"反转"复选框，将"蒙版羽化"更改为 100,100，如图 4-137 所示。

图 4-137

04 将"不透明度"改回 100%，放大视图查看效果，如图 4-138 所示。

图 4-138

05 接下来做腿部毛发的遮罩。继续使用"钢笔蒙版"工具，沿着如图 4-139 所示边缘绘制遮罩，勾选"反转"复选框。

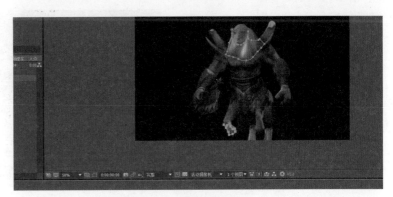

图 4-139

06 分别添加另外三条腿部毛发的遮罩蒙版，如图 4-140 所示。

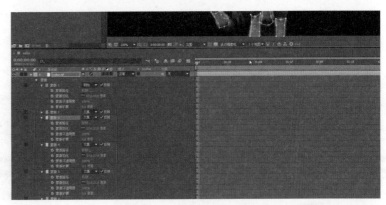

图 4-140

07 导入地面图片，开启 3D 图层，并移
至如图 4-141 所示的位置。

图 4-141

08 在地面图片上添加 Shadow 阴影效果
图，如图 4-142 所示。

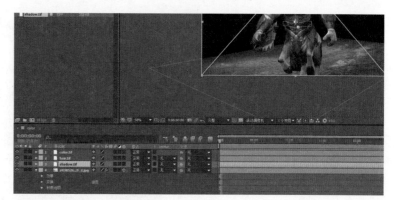

图 4-142

09 执行"图层"→"新建"→"灯光"
命令，灯光设置如图 4-143 所示。

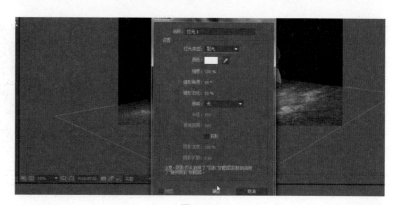

图 4-143

10 展开"灯光选项"属性，将"强度"
更改为 143%，"角度"为 86°，"锥
形羽化"为 50%，拖曳灯光到如图 4-144
所示的位置。

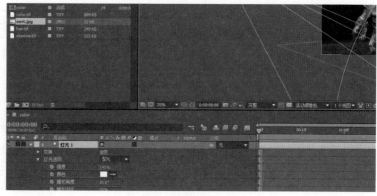

图 4-144

11 最后导入背景贴图，开启 3D 图层，并调整至合适的位置，如图 4-145 所示。

图 4-145

12 本实例的特效部分用到了 Saber 插件，其制作发光的特效非常方便。新建黑色纯色图层 heise，执行"效果"→ VideoCopliot → Saber 命令，出现如图 4-146 所示的效果。

图 4-146

13 选中 heise 图层，选择"钢笔蒙版"工具，沿着头盔的眼部位置绘制一个圆圈，将 Core Type 类型更改为 Layer Masks（图层遮罩），如图 4-147 所示。

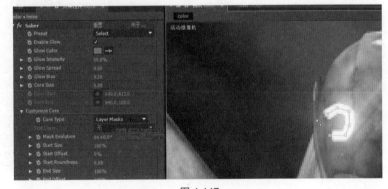

图 4-147

14 将 Alpha Mode（Alpha 模式）更改为 Disable（残废），如图 4-148 所示。

图 4-148

15 细化调整 Saber 属性中的参数 ——
Preset、Glow Color、Glow Intensity、
Glow Spread、Glow Bias，如图4-149所示。

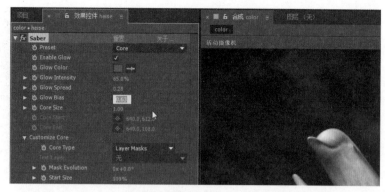

图 4-149

16 在图层中复制一个 heise 层，作为另
一侧眼部的效果，如图 4-150 所示。

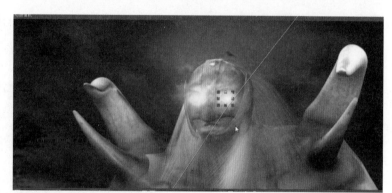

图 4-150

17 更改名称为 L_heise,R_heise，再次
新建一个黑色纯色图层，并添加一个
Saber，用"钢笔"工具沿着地面虚线处
画出路径，如图 4-151 所示。

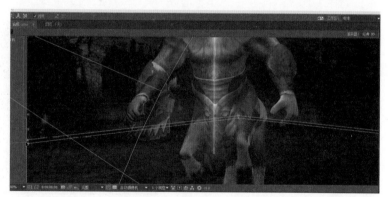

图 4-151

18 更改 Saber 的各项参数，如图 4-152
所示。更改该图层的名称为 fire，并拖至
地面图层的上方，特效制作完成。

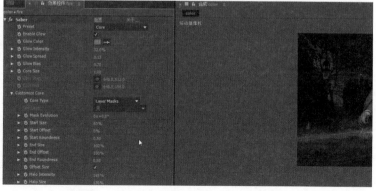

图 4-152

4.4.2　后期调色输出

01 首先选中 hair 毛发层，执行"曲线"命令，调整 RGB 曲线。再执行"亮度和对比度"命令，调整亮度为 22，对比度为 14，如图 4-153 所示。

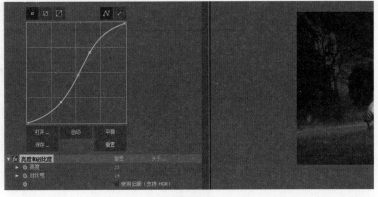

图 4-153

02 创建一个调节层，命名为 just，对其添加一个"色调"特效，调整"着色数量"为 30%，如图 4-154 所示。

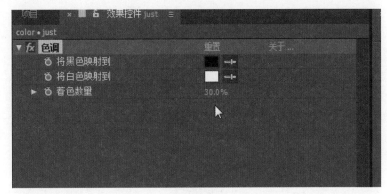

图 4-154

03 执行"曲线"命令，调整 RGB 曲线，如图 4-155 所示。

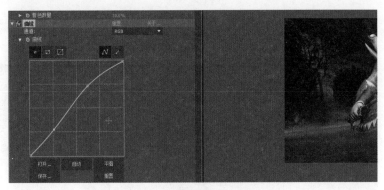

图 4-155

04 添加"分形杂波"特效，参数按照如图 4-156 所示调整。

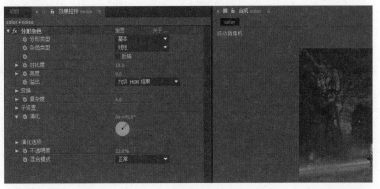

图 4-156

05 最终合成效果，如图 4-157 所示。

图 4-157

4.5　案例中的重难点技术回顾

1. 本章首要掌握的重点在于 MAYA 写实角色的制作。不同于卡通角色，写实风格对角色模型和材质渲染均有较高的要求，而重中之重在于通过 SSS 效果制作真实的人物皮肤质感，这属于电影级效果的制作。

2. 其中重难点技术知识有两处：（1）角色的骨骼绑定，这里是用 Advanced Skeleton 骨骼插件来完成的，若是手动设置难度会更高一些；（2）毛发 Shave 插件的运用，其关键在于发型的刷取，要梳理出合适的发型对角色的塑造来说尤为重要。

3. After Effects 后期合成时用到了真实的图片和制作的虚拟角色进行结合。同时需要添加一些辅助的效果，这里用到了 Saber 这样一款光电描边插件，通过它可以增加整个场景的气势，同时烘染出作品整体的效果。

4.6　拓展与思考的练习：实拍角色 + 绿幕背景 + 三维场景 = 特效电影

停下笔的那一刻我仍在思考，此部工具书的改进和补充之处。写书的过程从一开始就面临着不少困难。面对这些困难，我坚持了下来，白天教学和工作，晚上和假期就抽时间来写。在这个过程中，还要反复不断地查找一些资料，以前制作的案例都被逐一找出来，重新收集整理。有些丢失的操作过程，我还要回忆着再制作一遍，把每一次的步骤都记录下来。同时，还要拿出一些商业上成功的案例，由浅入深地讲解说明，现在想起来也是一件不容易的事情。但是幸运的是，在这一时期有很多亲人、好友、同事给了我许多宝贵的意见和帮助，没有他们的帮助，我遇到的困难一定会更大。首先，我要向所在学院的领导及关心我的同事表示由衷的感谢，是他们的鼓励才让我走到了今天；其次，我要感谢我所在企业的朋友们对我的支持，他们在百忙中抽出时间辅助我，提供了很多宝贵的经验；最后，感谢我的亲友，包括父母还有爱人和孩子，是他们的理解和支持激励了我，让我有无限的力量来继续编写这样一部教材。不过值得欣慰的是，终于完成了！

最后，我借用论语里的一句话作为总结："三人行，必有我师焉"，希望这本书能给那些还在求知的莘莘学子带来帮助和指导。书中一定还存在一些不足的地方，望大家指正，有不到之处，也希望您谅解。

作者
2018 年于武汉寓所

参 考 文 献

[1] 吉家进. 中文版 After Effects CC 影视特效制作 208 例 [M]. 2 版. 北京：人民邮电出版社，2015.

[2]《工作过程导向新理念丛书》编委会. 影视后期特效合成——After Effects CS4 中文版 [M]. 北京：清华大学出版社，2010.

[3] 魏良，安娜. After Effects 影视特效制作 [M]. 上海：上海交通大学出版社，2015.

[4] 环球数码（IDMT）. 动画传奇：Maya 后期特效 [M]. 北京：清华大学出版社，2011.

[5] 邓士元，赖义德. 三维动画设计——动作设计 [M]. 武汉：武汉大学出版社，2011.

[6] 贾内梯. 认识电影 [M]. 焦雄屏，译. 成都：四川人民出版社，2017.

[7] 肖永亮. 中外电影特技发展历程 [J]. 现代电影技术，2011，（4）：3-8

[8] 尘世万相. 不再 5 毛钱！国产片特效现状调查. [J/OL]. 贵圈，2015，（186）：5-8.[2018.11.12] http://ent.qq.com/original/guiquan/g186.html

[9] 佚名. 中国电影特效发展纪事 [N]. 信息时报，2010-07-18.

[10] 胡蓉，薛燕平. 世界影视特效经典 [M]. 北京：中国传媒大学出版社，2012.